主编◎曾婉芬　黄月明　邓丽红

液气系统的安装与调试教程

中国劳动社会保障出版社

图书在版编目(CIP)数据

液气系统的安装与调试教程/曾婉芬，黄月明，邓丽红主编. —北京：中国劳动社会保障出版社，2015

ISBN 978-7-5167-2088-2

Ⅰ.①液…　Ⅱ.①曾…②黄…③邓…　Ⅲ.①液压传动-教材②气压传动-教材　Ⅳ.①TH137②TH138

中国版本图书馆 CIP 数据核字(2015)第 235817 号

中国劳动社会保障出版社出版发行

（北京市惠新东街 1 号　邮政编码：100029）

*

三河市华骏印务包装有限公司印刷装订　新华书店经销

787 毫米×1092 毫米　16 开本　13.25 印张　230 千字

2015 年 10 月第 1 版　　2022 年 1 月第 5 次印刷

定价：28.00 元

读者服务部电话：（010）64929211/84209101/64921644

营销中心电话：（010）64962347

出版社网址：http://www.class.com.cn

教材编审委员会

顾问

本书主编：曾婉芬　黄月明　邓丽红

前 言

本书以相关国家职业标准为依据，突出实用性和针对性，通过对液压、气压案例任务分析与装调，培养和提高职业院校机电、模具类学生专业技能。

本书适用以“项目导向，任务驱动”的模式开展教学，精简整合理论课程并关注实操训练，教学形式生动活泼，符合职业院校学生的认知规律。

教材任务的选取在对机电、模具行业广泛调研的基础上，从培养技能型人才出发，充分研讨与精心规划，选用了实际工作中液压与气压传动的典型案例，突出机电、模具类专业的特点。全书共十一项任务，分别为：液压传动系统的安装与调试、液压泵的拆装与调试、液压缸的拆装与调试、方向控制阀及其方向控制液压回路的安装与调试、流量控制阀及其速度控制回路的安装与调试、压力控制阀及其压力控制回路的安装与调试、液压系统的综合应用、气压传动系统的安装与调试、气压传动元件的安装与调试、气压传动常用回路的安装与调试、气压传动系统的综合应用。

本书由广州市高级技工学校曾婉芬、黄月明、邓丽红主编，王学清老师为教材指导顾问。其中，任务一、四、五、七、九部分由曾婉芬老师编写，任务六、十、十一由黄月明老师编写，任务二、三、八由邓丽红老师编写。

本书适合作为各级各类职业院校机械类专业的通用教材，也可供其他相近专业或相关培训使用。

目 录

CONTENTS

/1 **任务一　液压传动系统的安装与调试**
/1 **任务描述**
/2 **任务分析**
/2 一、学习目标
/2 二、工作过程与学习活动
/3 **建议学时**
/3 **相关知识**
/3 一、液压系统的工作原理、组成及特点
/6 二、液压传动系统运行的安全操作规程
/7 三、常用液压油
/8 **任务实施**
/8 一、专用平面磨床工作台液压系统原理分析
/10 二、专用平面磨床工作台液压系统的安装
/15 三、专用平面磨床工作台液压系统的调试
/17 **任务拓展**　专用铣床液压系统回路的装调
/18 **思考与练习**

/19 **任务二　液压泵的拆装与调试**
/19 **任务描述**
/20 **任务分析**
/20 一、学习目标
/20 二、工作过程与学习活动

/20 **建议学时**
/20 **相关知识**
/20 一、常用液压泵的工作原理及结构特点
/31 二、其他泵简介
/33 三、液压泵的选用
/34 **任务实施**
/34 一、拆卸齿轮泵
/35 二、装配齿轮泵
/35 三、测试齿轮泵
/36 四、调试齿轮泵
/37 **任务拓展** 叶片泵的拆装与调试
/39 **思考与练习**

/41 **任务三 液压缸的拆装与调试**
/41 **任务描述**
/42 **任务分析**
/42 一、学习目标
/42 二、工作过程与学习活动
/42 **建议学时**
/42 **相关知识**
/42 一、液压缸的类型、结构与工作原理
/52 二、液压马达的结构和工作原理
/52 三、液压辅助元件的识别及选用
/59 **任务实施**
/59 一、拆卸双作用单杆活塞式液压缸
/60 二、装配双作用单杆活塞式液压缸
/60 三、调试双作用单杆活塞式液压缸
/62 **任务拓展** 液压马达的拆装与调试
/64 **思考与练习**

/65 **任务四　方向控制阀及方向控制回路的安装与调试**
/65 **任务描述**
/66 **任务分析**
/66 一、学习目标
/66 二、工作过程与学习活动
/66 **建议学时**
/66 **相关知识**
/66 一、方向控制阀
/71 二、方向控制回路
/73 **任务实施**
/73 一、校正压装液压机液压回路原理分析
/74 二、校正压装液压机液压系统的安装
/74 三、校正压装液压机液压系统的调试
/75 **任务拓展**　矿山采掘机械的液压支架锁紧回路的装调
/76 **思考与练习**

/77 **任务五　流量控制阀及速度控制回路的安装与调试**
/77 **任务描述**
/78 **任务分析**
/78 一、学习目标
/78 二、工作过程与学习活动
/78 **建议学时**
/79 **相关知识**
/79 一、流量控制阀
/81 二、速度控制回路
/85 三、流量控制阀的故障及排除方法
/86 **任务实施**　组合钻床液压回路的安装与调试
/89 **任务拓展**　专用钻镗床液压系统的安装与调试
/90 **思考与练习**

/91 任务六 压力控制阀及压力控制回路的安装与调试
/91 任务描述
/92 任务分析
/92 一、学习目标
/92 二、工作过程与学习活动
/93 建议学时
/93 相关知识
/93 一、压力控制阀及其压力控制回路
/108 二、多缸工作控制回路
/112 三、其他控制回路
/115 任务实施
/115 一、数控车床液压卡盘控制系统的工作原理分析
/116 二、数控车床液压卡盘控制系统的安装
/116 三、数控车床液压卡盘控制系统的调试
/117 四、数控车床液压卡盘控制系统的拆除
/117 任务拓展 液压缸串联同步动作回路的安装
/119 思考与练习

/121 任务七 液压系统的综合应用
/121 任务描述
/122 任务分析
/122 一、学习目标
/123 二、工作过程与学习活动
/123 建议学时
/123 相关知识
/123 一、液压动力滑台液压回路原理图的分析
/130 二、液压系统故障的判断及排除
/133 任务实施
/133 一、动力滑台液压系统的安装

/134　二、动力滑台液压系统的调试
/134　**任务拓展**　MJ－50 型数控车床液压系统的安装与调试
/137　**思考与练习**

/139　**任务八　气压传动系统的安装与调试**
/139　**任务描述**
/140　**任务分析**
/140　一、学习目标
/140　二、工作过程与学习活动
/141　**建议学时**
/141　**相关知识**
/141　一、气压传动的工作原理、组成及特点
/143　二、气源装置与气源处理装置的结构及工作原理
/147　三、气动辅助元件简介
/149　**任务实施**
/149　一、沙发寿命测试机气动系统工作原理分析
/150　二、沙发寿命测试机气动系统的安装
/151　三、沙发寿命测试机气动系统的调试
/152　**任务拓展**　空气过滤器的拆装与调试
/154　**思考与练习**

/155　**任务九　气压传动元件的安装与调试**
/155　**任务描述**
/156　**任务分析**
/156　一、学习目标
/156　二、工作过程与学习活动
/156　**建议学时**
/157　**相关知识**
/157　一、气动执行元件的结构和工作原理
/160　二、气动控制元件的结构和工作原理

/170 三、逻辑控制阀
/171 **任务实施** 气压传动元件（减压阀）的拆装与调试
/173 **任务拓展** 节流阀的拆装与调试
/174 **思考与练习**

/175 **任务十 气压传动常用回路的安装与调试**
/175 **任务描述**
/176 **任务分析**
/176 一、学习目标
/176 二、工作过程与学习活动
/176 **建议学时**
/177 **相关知识**
/177 一、气动方向控制回路
/179 二、气动压力控制回路
/180 三、气动速度控制回路
/183 **任务实施** 送料装置的气动系统控制回路的安装与调试
/184 **任务拓展** 拉门的自动开闭回路的安装与调试
/185 **思考与练习**

/187 **任务十一 气压传动系统的综合应用**
/187 **任务描述**
/187 **任务分析**
/187 一、学习目标
/188 二、工作过程与学习活动
/188 **建议学时**
/188 **相关知识**
/188 一、汽车气压制动系统的组成和工作原理
/190 二、气压传动系统故障诊断步骤和方法
/193 **任务实施**
/193 一、汽车气压制动系统的调试

/194　二、常见故障诊断与维修
/194　三、日常维护注意事项
/194　**任务拓展**　数控加工中心气动换刀系统的安装与调试
/197　**思考与练习**

任务一 液压传动系统的安装与调试

任务描述

如图 1—1 所示为专用平面磨床工作台及其液压系统。专用平面磨床工作台利用液压传动回路控制其往返从而完成磨削工作，该机床具有操作方便、灵活可靠、无振动、精度稳定、噪声低、维护保养方便等特点。本任务要求学员读懂专用平面磨床工作台的液压传动系统图，并根据操作规程要求完成专用平面磨床工作台液压系统的正常启动及装调。

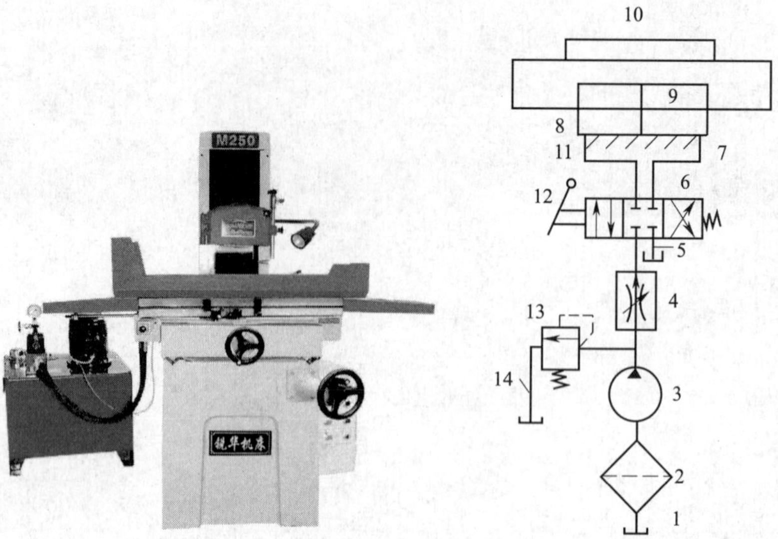

图 1—1　专用平面磨床工作台及其液压系统

1—油箱　2—滤油器　3—液压泵　4—调速阀　5、7、11、14—油管
6—换向阀　8—液压缸　9—活塞　10—工作台　12—操纵手柄　13—溢流阀

任务分析

一、学习目标

1. 能够查阅资料，叙述专用平面磨床的工作方式。

2. 能够分析专用平面磨床工作台的工作过程和原理。

3. 能够读懂液压传动与控制系统图，认识液压传动系统的组成，并分析其作用。

4. 学习液压传动系统的启动规程与操作要领，学会专用平面磨床液压传动系统的装调。

5. 能够正常启动及运行专用平面磨床工作台的液压系统。

6. 懂得液压油的使用，能够根据不同的地区选择合适的液压油。

二、工作过程与学习活动

1. 相关知识（液压系统的工作原理、组成及特点，专用平面磨床工作台液压系统的安全操作规程）。

2. 任务实施（专用平面磨床工作台液压系统原理分析、系统的安装与调试）。

3. 任务拓展（专用铣床液压系统回路的装调）。

建议学时

6学时。

> 1. 液压系统的工作原理是怎样的？液压系统由哪几部分组成？
> 2. 专用平面磨床工作台是如何工作的？
> 3. 专用平面磨床工作台液压系统的工作原理是怎样的？又是靠什么工作介质来传递运动的？
> 4. 专用平面磨床工作台液压系统是如何连接与调试的？

相关知识

一、液压系统的工作原理、组成及特点

在现代工业中，液压传动控制系统应用非常广泛，如用于液压冲床（图1—2）、汽车用千斤顶（图1—3）等。液压系统具有工作平稳，操作方便，易实现机械化和自动化生产，生产效率高等特点。

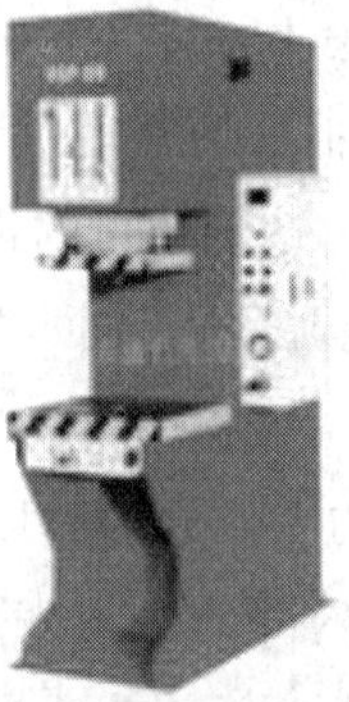

图1—2 液压冲床

图1—3 汽车用千斤顶

1. 液压千斤顶的工作原理

如图 1—4 所示是常见的液压千斤顶的工作原理图。它由手动柱塞泵、液压缸、管路以及管接头等构成一个密封的连通器，其间充满着油液。

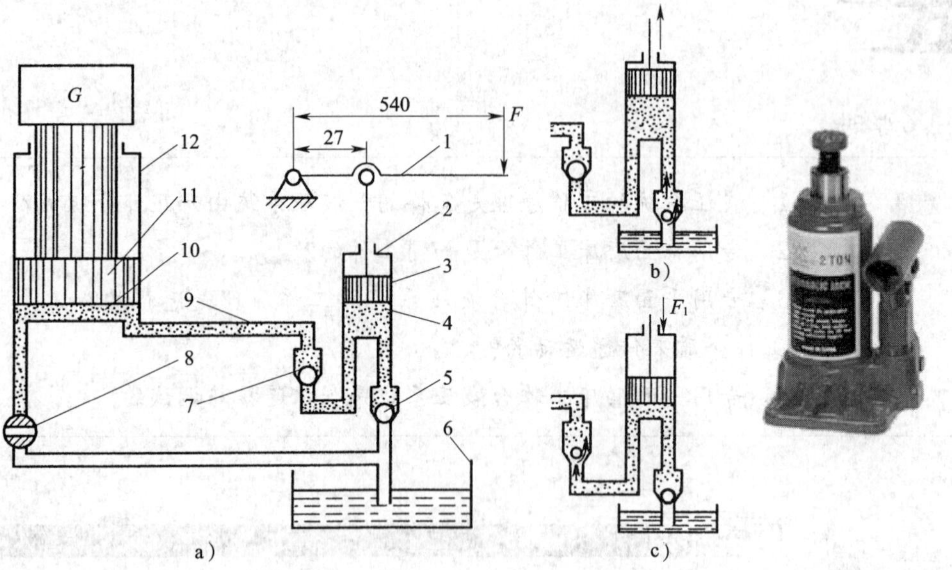

图 1—4　液压千斤顶工作原理图

a）工作原理　b）泵的吸油过程　c）泵的压油过程

1—杠杆手柄　2—小油缸　3—小活塞　4、10—油腔　5、7—单向阀

6—油箱　8—放油阀　9—油管　11—大活塞　12—大油缸

关闭放油阀 8，向上提起杠杆手柄 1，小活塞 3 随之上升，油腔 4 密封容积增大，产生局部真空，油箱 6 中的油液在大气压作用下，推开单向阀 5 中的钢球并通过吸油管道进入油腔 4，实现吸油（图 1—4b）；当杠杆手柄 1 下压时，小活塞 3 随之下移，油腔 4 密封容积减小，油液受到外力挤压产生压力，单向阀 5 关闭，单向阀 7 的钢球被顶开，油液压入油腔 10，实现压油（图 1—4c）。然后，推动大活塞 11 和重物 G 上移。反复提压杠杆手柄 1，能不断地实现吸油和压油，压力油将不断被压入油腔 10，使大活塞和重物不断上移，达到起重的目的。

若将放油阀 8 旋转 90°，油腔中的油液在重物 G 的作用下，流回油箱，大活塞 11 下降并恢复到原位。

通过对液压千斤顶工作过程的分析可知，液压传动的工作原理是以油液作为工作介质，依靠密封容积的变化来传递运动，依靠油液内部的压力来传递动力。液压传动装置实质上是一种能量转换装置，即实现机械能→液压能→机械能的能量转换。

2. 液压传动系统的组成与功能

一般液压传动系统除油液外，应由动力部分、执行部分、控制部分、辅助部分四部分组成（以图 1—4 为例），各部分的功能见表 1—1。

表 1—1　液压传动系统的组成与功能

组成	液压系统功能	常见类型
动力部分	将原动机输入的机械能转换为液体的压力能，作为系统供油能源装置。例如，由 1、2、3、5、7 组成的手动柱塞泵	液压泵
执行部分	将液压泵输入的油液压力能转换为带动工作机构的机械能	液压缸或液压马达
控制部分	用以控制流体的方向、压力和流量，以保证执行元件完成预期的工作任务	方向阀、压力阀、流量阀
辅助部分	将动力部分、执行部分、控制部分连接在一起，组成一个系统，起输送液体、储油、过滤、测量和密封等作用，以保证液压系统正常工作所必需的部分	油管、油箱、过滤器、蓄能器、压力表

3. 液压传动的特点

（1）质量轻、体积小、动力大，即单位质量输出功率大，机械结构紧凑。如一个液压系统能简单、有效地将力从千分之几牛顿放大到数万牛顿输出。而且随着液压系统工作压力的提高，这一特点将更加突出。

（2）传动平稳。由于质量轻、惯性小、反应快，易于实现快速启动、制动和频繁的换向。

（3）可实现无级调速。在液压系统中，调节液体的流量就可以实现无级调速，调速范围大，且运动平稳，不易受外界负载的影响。这是一般机械传动所无法实现的。

（4）便于实现自动化。在液压系统中，操纵、控制、调节比较方便、省力，尤其和电力控制结合起来，能实现复杂的顺序动作和远程控制。

（5）易于实现过载保护。液压系统借助安全阀等可自动实现过载保护，同时以液压油为介质，相对运动表面间可自行润滑，故使用寿命长。

（6）液压元件易实现标准化、系列化和通用化，便于设计和选用，液压元件的布置更为方便，成本低。

（7）不能保证严格的传动比。油液的泄漏和液体的可压缩性会影响执行元件运动的准确性，故无法保证严格的传动比。

（8）油液受温度的影响。液压传动对油温变化比较敏感，其工作稳定性很容易受到温度的影响，因此，不宜在很高或很低的温度下工作。

（9）不宜做远距离传动。能力损失（摩擦损失、泄漏损失、节流和溢流损失等）较大，传动效率不高，故不宜做远距离传动。

（10）制造精度高，找故障难。液压元件在制造精度上要求较高，因此它的造价较高，维护比较严格，系统发生故障时不易检查与排除。

二、液压传动系统运行的安全操作规程

1．操作准备

（1）启动油泵前应检查油箱油量是否正常，并根据需要补充液压油，保持不低于油标。

（2）加入油箱内的液压油必须清洁或经过过滤，油泵吸油口处的过滤器必须经常拆洗，去除滤网上的纤维杂质，要定期清除油箱底沉淀的水、污垢。

（3）检查电气、仪表等控制系统是否正常。

（4）检查各油路组件是否完好，有无异常情况，确认是否具备启动机床条件。

（5）启动前应先检查各紧固件是否牢靠，各运转部分及滑动面有无障碍物，限位装置及安全防护装置是否完善。

2．开机运行

（1）首先打开电源开关，电源指示灯亮，按下“电机启动”按钮，电动机启动，液压泵处于空负荷循环态。

（2）启动液压开关，检查液压站运转是否正常，特别是液压泵声响是否正常，工作是否正常，液压系统是否畅通完好，应无渗漏现象。

（3）工作前应先空行程试运转 10 min，检查各按钮、开关、阀门等是否灵活可靠，确认液压系统压力正常，方可开始工作。

（4）启动液压泵后，首先确认液压泵旋转方向是否正确、有无异响，油压是否达到技术要求。监视液压泵及液压系统各组件运转情况，温升、振动是否正常。

（5）液压系统正常工作后，必须经常检查油管路及液压缸是否有漏油及不换向现象。

（6）操作过程中，发现有异常现象，应立即关闭电源，检查排除故障。

3．停机

（1）关机前，按下“电机停止”按钮关闭液压泵，关闭电源开关。

（2）工作完毕，应切断电源，擦拭、保养设备，整理、清扫工作场地。

4. 系统异常情况紧急停机操作

（1）当系统出现异常情况需紧急停机时，应按动急停按钮，断开总电源。

（2）断开电源控制箱内的总开关及分路开关。

（3）处理异常情况。

三、常用液压油

1. 液压油的分类和性质

液压油主要有矿油型、合成型、乳化型三大类。

液体在流动时，在其分子间产生内摩擦的性质，称为液体的黏性，黏性的大小用黏度表示，是用来表征液体性质相关的阻力因子。

液压油的黏度对温度的变化是十分敏感的，当温度升高时，其分子之间的内聚力减小，黏度就随之降低。这个变化率的大小直接影响液压传动系统工作介质的使用，因此液压传动系统中一般都设有冷却装置，来保证液压油维持正常的温度。

为了减少漏损，在使用温度、压力较高或速度较低时，应采用黏度较大的油。

为了减少管路内的摩擦损失，在使用温度、压力较低或速度较高时，应采用黏度较小的油。

2. 液压油的使用注意事项

（1）保持液压油清洁

油液清洁程度是决定液压系统能否正常工作的重要因素。据资料统计，液压系统故障有75%左右是由于液压油不清洁造成的。因此使用过程中必须重视液压油的清洁，可以从以下几方面采取措施。

1）防止外界杂质进入系统。经常清洁油箱，灌新油时应通过120目以上的过滤器过滤，并且一切工具都必须保持干净。液压元件不要轻易拆卸，卸下的元件必须严格保持干净，存放于无尘地点；清洗、检查和装拆液压零件时，也应在无尘地点进行，以尽量减少杂质进入系统的机会。

2）除去液压系统中产生的杂质，并且要防止油液变质产生沉积物。经常检查过滤器有无堵塞。对油箱中的沉积物，可趁换油时进行清除。

3）定期检查油的污染度和物化性能，其检验主要有两个方面：一是油的物理和化学性能，如黏度、闪点、酸度、含水量、抗泡沫试验等；二是检查油中杂质颗粒大小和数量，即油的污染度检查。

(2）排除系统中的气体

空气进入系统和气穴现象都会在油液中形成气泡，并引起噪声、振动和爬行等。另外，油液中混入一定量空气后，油液容易变质，以致不能使用。系统中有气体的原因主要是管接头、液压泵、控制元件、储能器和液压缸等密封不好，或油箱中有气泡，或油液质量差（消泡性能不好）等因素所引起。

防止空气混入的方法是及时更换不良的密封元件，降低液压泵的高度，正确选择工作油液等，并随时注意各连接处的密封情况。液压系统应设立排气装置。

(3）系统油温适当

油温主要影响油的黏度。油温过低，黏度增大，会引起吸油困难。油温过高，黏度降低，将使泄漏增加，并对油液的老化和变质有较大影响，还能使密封件加速老化、变质和失效。油箱的油温一定不能超过60℃，一般液压设备在35～60℃范围内工作比较合适。

通常液压系统发热量增加或散热量减少会引起油温升高，其原因有以下几个：

1）液压泵输油量与系统用油量不匹配时，或在节流调速系统中，大量高压油将从溢流阀溢流，造成高压油损失，转换成热量，促使油温升高。

2）当环境温度升高时，散热减少，造成油温升高。

3）当冷却器水温过高，甚至冷却水元件堵塞等造成油温升高。油的黏度太高，油箱容量太小，散热慢。

(4）及时正确更换液压油

液压油是液压传动系统的工作介质，液压性能是液压传动系统正常运转和高效率工作的前提，液压设备大约80%的故障来自液压油，因此应该及时正确更换液压油。

任务实施

一、专用平面磨床工作台液压系统原理分析

专用平面磨床为精加工磨床，其工作台的往复运动采用液压传动，因工作台

往复运动速度高，调速范围广，要求换向灵敏迅速，冲击小，采用液压传动能够达到这些效果。系统设有工作台油路控制和工作台速度控制两部分，可完成专用平面磨床的往复运动及速度变化，同时实现工作台制动、换向和停留以及工作台手动与自动控制互锁。

如图 1—5 所示是平面磨床工作台液压系统的工作原理图。它由液压泵、液压缸、换向阀、溢流阀、调整阀、过滤器、管路以及管接头等构成一个密封的连通器，其间充满着油液。

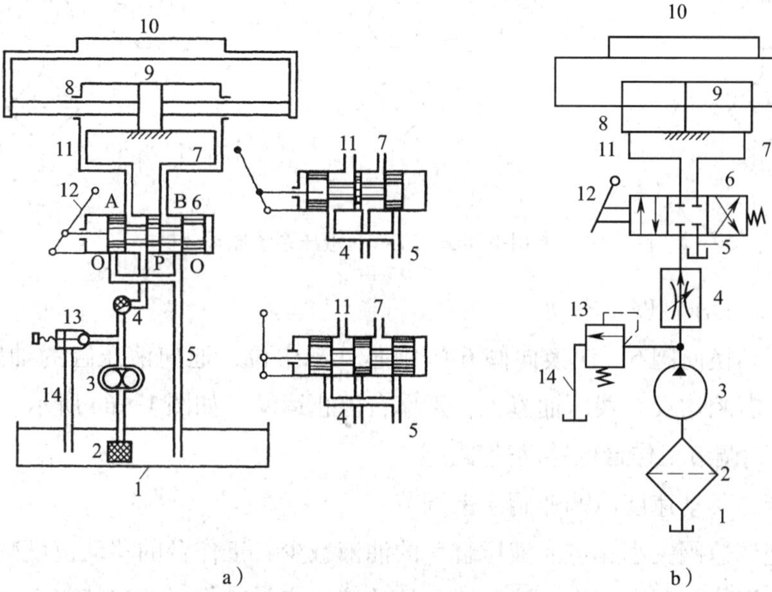

图 1—5　专用平面磨床工作台液压系统

1—油箱　2—过滤器　3—液压泵　4—调速阀　5、7、11、14—油管

6—换向阀　8—液压缸　9—活塞　10—工作台　12—操纵手柄　13—溢流阀

专用平面磨床工作台液压系统的工作步骤如下。

步骤 1，工作台向右移动。

扳动手动换向阀 6，使换向阀 6 的阀芯处于左位，液压泵 3 在电动机（图中未画出）的带动下旋转，油液由油箱 1 经过滤器 2 被吸入液压泵，由液压泵输入的压力油通过调速阀 4、手动换向阀 6 进入液压缸 8 的左腔，推动活塞 9 和工作台 10 向右移动，液压缸 8 右腔的油液经换向阀 6 排回油箱，如图 1—6a 所示。

步骤 2，工作台向左移动。

扳动手动换向阀 6，使换向阀 6 的阀芯处于右位，液压油进入液压缸 8 右腔，使活塞 9 和工作台 10 向左移动，如图 1—6b 所示。

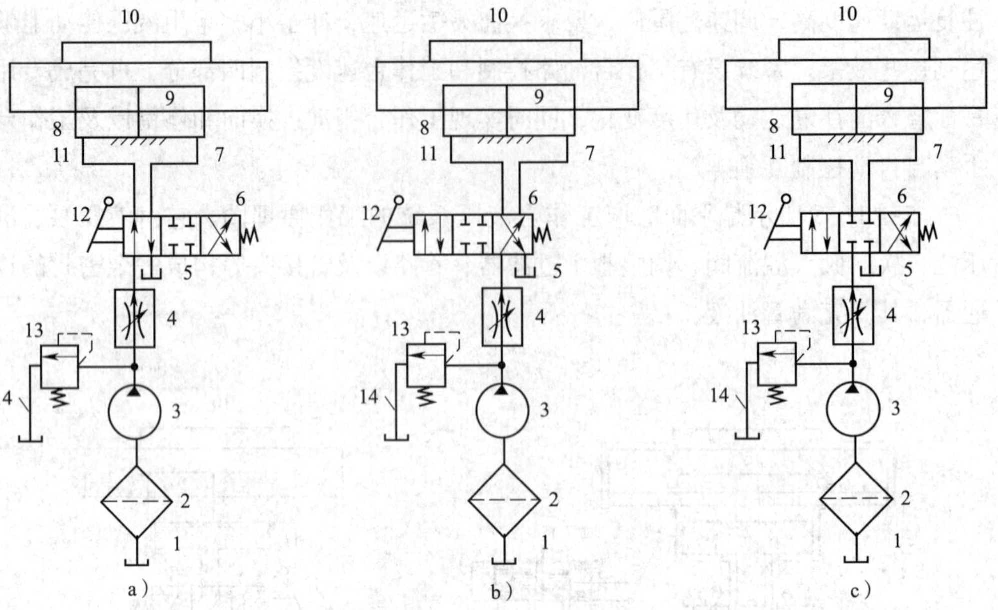

图 1—6　专用平面磨床工作台液压系统原理分析

步骤 3，工作台停止不动。

扳动手动换向阀 6，使换向阀 6 的阀芯处于中位，通向液压缸的油路堵死，液压缸左、右腔均没有液压油流入，工作台停止运动，如图 1—6c 所示。

步骤 4，调节工作台的移动速度。

工作台的移动速度由调速阀 4 来调节。

首先把调速阀关小，进入液压缸 8 的油液减少，工作台的移动速度减小。

然后把调速阀开大，进入液压缸 8 的油液增多，工作台的移动速度增大。

调整换向阀 6 的工作位置可以改变压力油的通路，使液压缸不断换向，以实现工作台需要的往复运动。

通过对专用平面磨床工作台液压系统工作过程的分析可知，液压传动的工作原理是以油液作为工作介质，依靠密封容积的变化来传递运动，依靠油液内部的压力来传递动力。液压传动系统工作时，可以通过对液体的压力、流量和方向的控制与调节来满足工作部件在力、速度和方向上的要求，液压传动装置实质上是一种能量转换装置，即实现机械能→液压能→机械能的能量转换。

二、专用平面磨床工作台液压系统的安装

专用平面磨床的液压系统由电动机带动定量泵提供动力，泵最大流量为 18 L/min，电动机功率为 1.5 kW，泵的工作压力可达 3 MPa，系统压力由溢流阀调节。系统主机械阀为磨床专用阀，分为电磁换向控制和节流调速控制两部分。

如图 1—7 所示为专用平面磨床安装图。由图 1—7 可知，液压系统由各种液压元件、辅助元件组成，各个元件分布在设备的不同部位，它们之间由管路、管接头、连接体等零件有机地连接起来，组成一个完整的液压系统。因此，液压系统安装得正确与否，直接影响到设备的工作性能和可靠性。

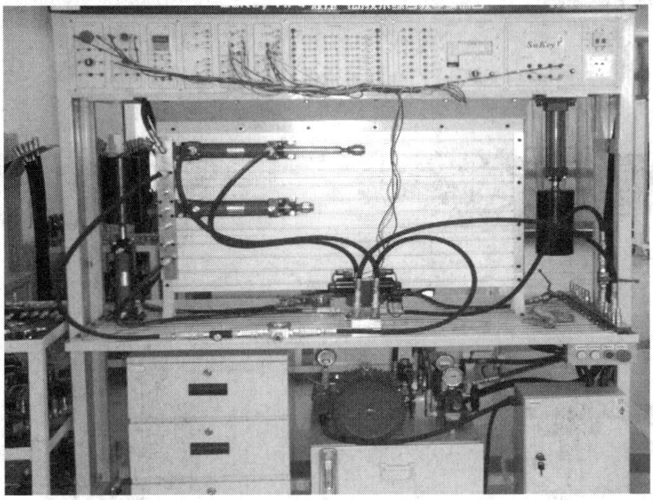

图 1—7　专用平面磨床安装图

专用平面磨床工作台液压系统的安装步骤如下。

步骤 1，准备工作。

（1）选用的工具有扳手、六角扳手。

（2）认真学习相关资料、液压系统原理图、工作手册。

（3）按照液压系统图选用元件、辅件，所选液压元件、辅件的型号和数量见表 1—2。选定后，逐一检查液压元件的质量状况。

表 1—2　　液压元件、辅件的型号和数量

名称	型号	数量	名称	型号	数量
液压泵	HGP - 22A	1	电磁换向阀	D5 - 02 - 3C2	1
液压缸	LB - 40 - R28 - 150	1	压力表	AT - 63 - 50K - A1 - T - 02	1
溢流阀	RVT - 04	1	油管	6 - 1 - WP. 32MP MT	7
节流阀	TVC - 02	1	电动机	CO3 - 43B0	1

步骤 2，认识液压元件（图 1—8）。

步骤 3，专用平面磨床工作台液压系统的连接。

安装装配时，装入主机的液压件和辅件必须经严格清洗，去除有害于工作液的防锈剂和一切污物，防止它们从油口进入元件内部。

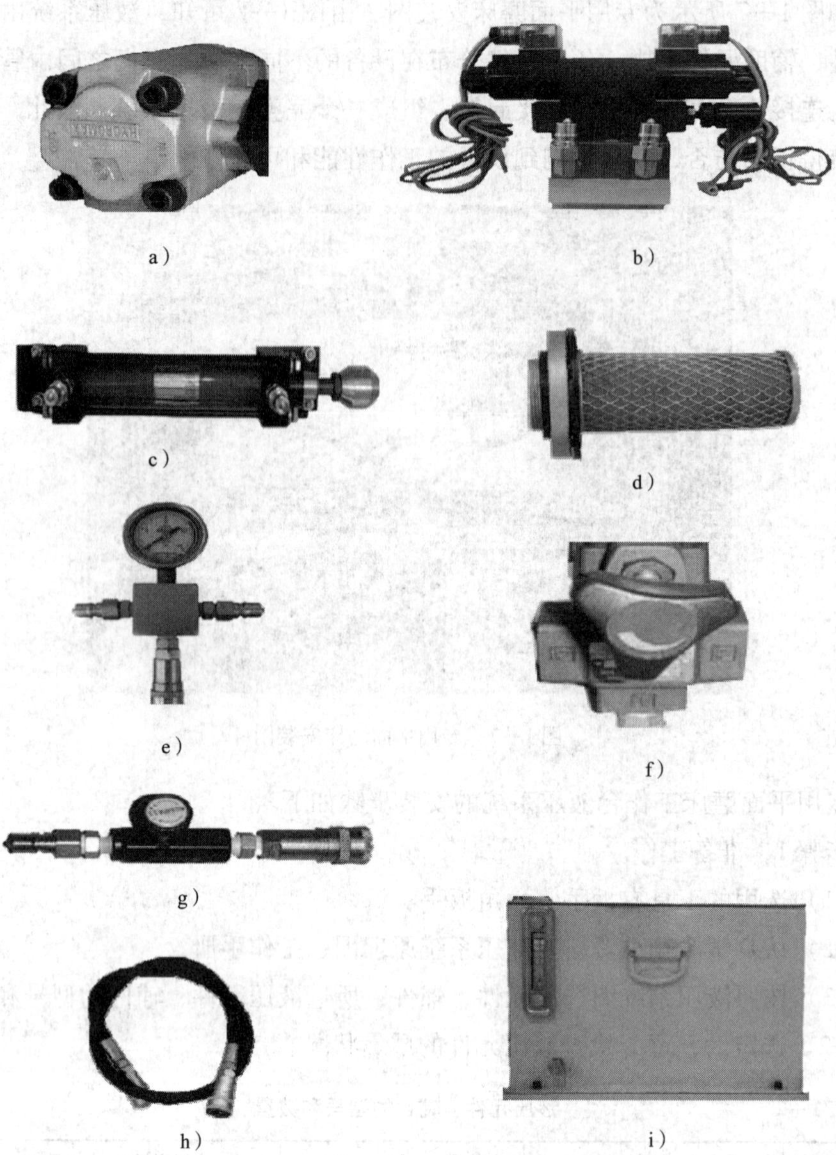

图 1—8　各液压元件实物图

a）液压泵　b）换向阀　c）液压缸　d）过滤器　e）压力表　f）溢流阀　g）节流阀　h）油管　i）油箱

（1）确定零件的安装位置。液压回路的安装接线图如图 1—9 所示。

（2）按图 1—10 所示的安装位置固定相应的液压元件。安装液压缸时，用六角扳手对其紧固；安装各类阀时，按住卡板安装在卡槽内。应注意进、出油口和部位，确认不要装反，否则会造成危害。

（3）油管的接线（图 1—11）。管路连接采用快速接头，接通油路前必须确认内、外接头体完全卡入扣紧，以免加压时松脱发生危险。

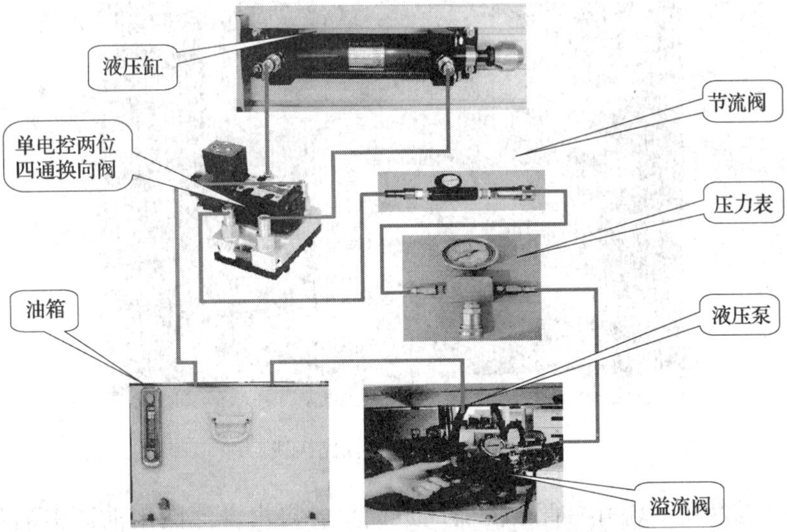

图 1—9　液压回路的安装接线图

图1　10　液压元件的安装

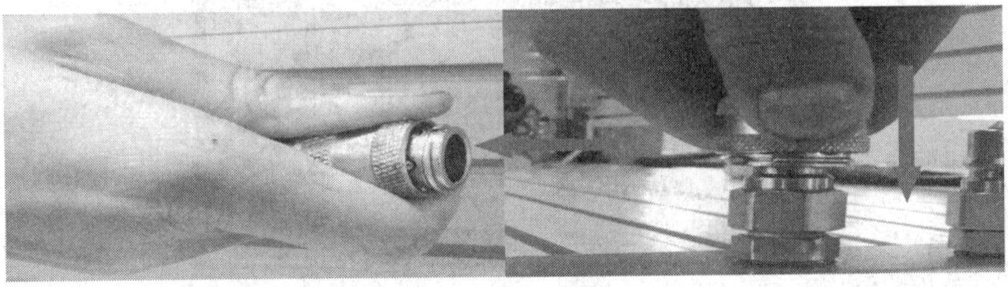

图 1—11　油管的安装

注意：确认系统压力为 0 MPa 时才可以装拆连接的油管；当拆下液压管快速接头后，应随即用抹布擦拭快速接头之公母接头，以避免油滴到桌面。

（4）液压回路的接线（图 1—12）。

1）由液压泵引出的公共端口的接管处，引油管至压力表。

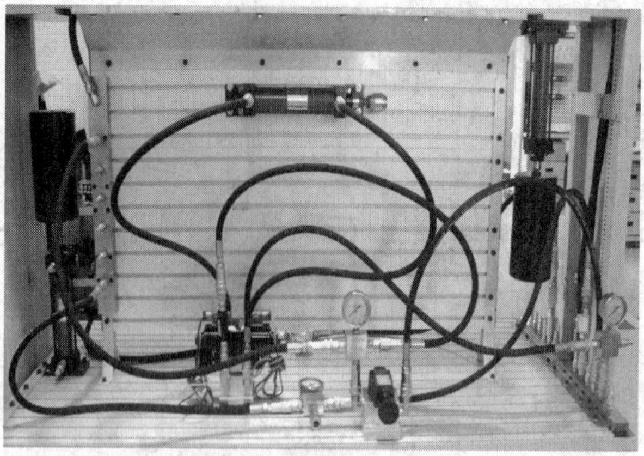

图 1—12　液压回路接线

2）由压力表一端引油管至溢流阀进油口，再由溢流阀出油口引油管至回油公共端口。

3）由压力表另一端口引油管至节流阀。

4）由节流阀引油管至换向阀入口 P 处，换向阀出口 O 口接油管至回油公共端口。

5）换向阀的另外两个接口即 A 口、B 口接入液压缸的两个接口。

（5）电气控制回路的接线（图 1—13）。

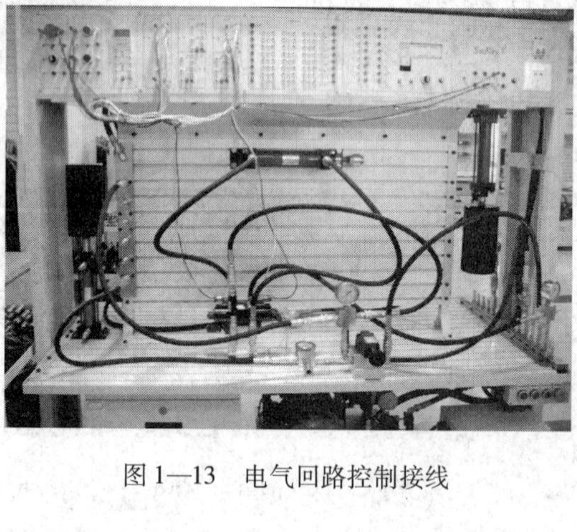

图 1—13　电气回路控制接线

1）由直流 +24 V 的公共端口的接线处，引至蘑菇形急停按钮 SB1 入线端。

2）由急停按钮出线端引油管至按钮 SB1、SB2 入线端，KM1、KM2 常开触点入线端。

3）由按钮 SB2 另一端口出线端引至 KM2 常闭触点入线端，按钮 SB2 另一端口出线端引至 KM1 常闭触点入线端。KM1 常开触点另一端口出线端引至 SB2 出线端，KM2 常开触点另一端口出线端引至 SB3 出线端。

4）由 KM2 常闭触点另一端口出线端引至线圈 KM1、电磁阀 YA1 的入线端。KM1 常闭触点另一端口出线端引至线圈 KM2、电磁阀 YA2 的入线端。

（6）线圈 KM1、KM2，电磁阀 YA1、YA2 的另一端口出线端引至直流 -24 V 的公共端口的接线处。

三、专用平面磨床工作台液压系统的调试

步骤 1，液压回路的检查。

（1）根据液压回路原理图，对照油管的接线进行检查。检查各液压元件、管路等连接是否正确可靠，安装错了的予以更正。

（2）根据电气原理图，检查电气接线回路。

（3）查看液位计，油位应在油箱标尺的上下限范围之间。

步骤 2，液压系统的启动。

（1）旋松溢流阀手柄，适当拧紧安全阀手柄，使溢流阀调至最低工作压力。流量阀调至最小，合上电源。

（2）查看电动机的转向是否正确，应点击“启动”按钮。

（3）先点动泵，观察液压泵转向是否正确，电源接反不但无油液输出，有时还可能导致事故，因此切记运转开始时只能“点动”。待泵声音正常并连续输出油液以及无其他不正常现象时，方可投入连续运转和空载调试。

（4）点动没问题后，启动油泵，空转 10 min 后，逐渐分挡调节溢流阀升压（每挡 1 ~ 2 MPa，时间间隔 1 min），直到溢流阀的调定值。

步骤 3，液压回路调试（图 1—14）。

（1）所有管路连接好后，先检查溢流阀压力是否为零，若不为零，需先调至零，再按电控箱上“泵启动”按钮启动油泵（图 1—14a）。启动总电源及油泵后应做一次急回路试验，确认急停按钮功能正常，且油泵空转 10 min 后可进行调试。逐渐均匀升压加速，具体操作方法是：反复拧紧又立即旋松溢流阀、流量阀等的压力或流量调节手柄数次，并通过压力表观察压力的升降变化情况和执行元件的速度变化情况，以及液压泵的发热、振动和噪声等状况，发现问题必须及时分析解决。如有异常情况按电控箱上“急停”按钮。

（2）关闭卸载阀（图 1—14b）。

（3）调节先导式溢流阀（图 1—14c）旋钮使压力 P_1 逐渐升高至表示值为 4 MPa。

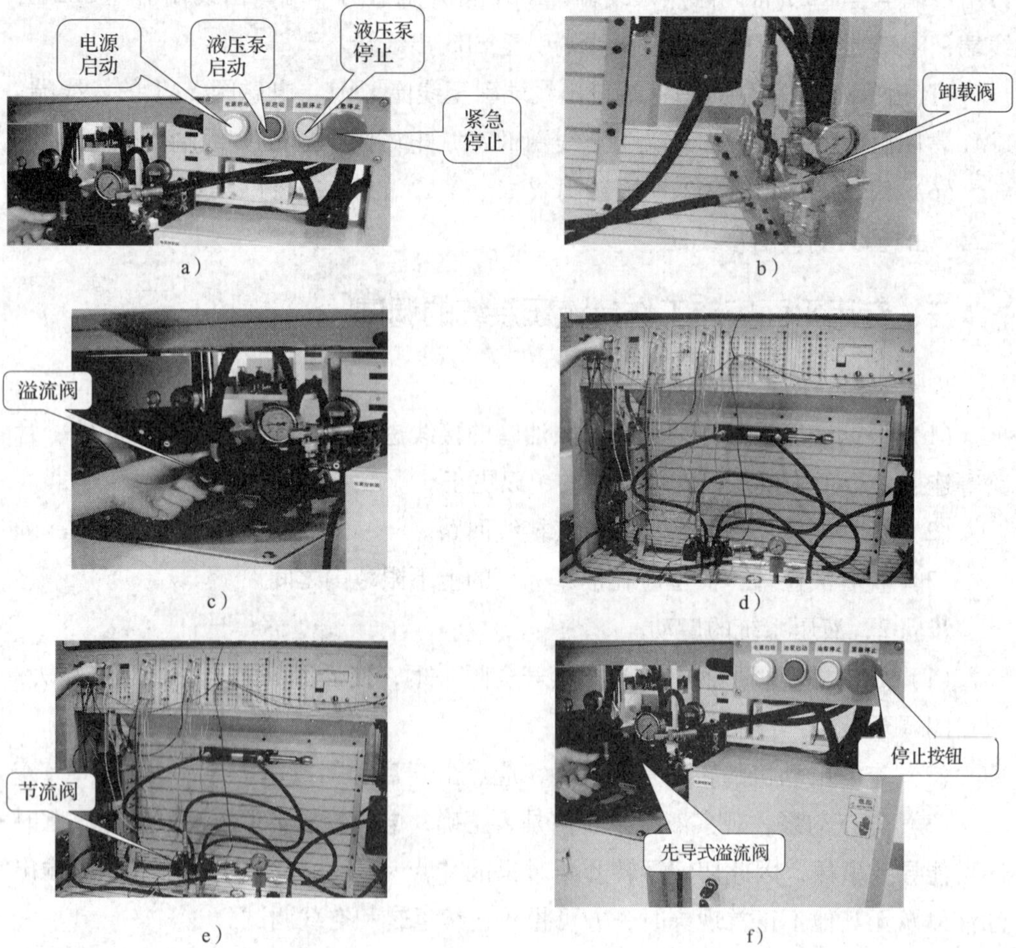

图 1—14　液压回路调试

a）开关　b）卸载阀　c）溢流阀　d）电磁阀通电　e）节流阀　f）先导式溢流阀

（4）按照动作循环表调试各单个动作，检查各动作是否协调。

电磁阀（图 1—14d）分别左通电右不通电、右通电左不通电、全部不通电各一次，观察它的运动状态，是否做往复运动。

（5）工作台往复运动中，调节节流阀（图 1—14e）观察其运动速度的变化。

（6）试验完毕，调节先导式溢流阀（图 1—14f）旋钮使压力逐渐降低至表示值为 0，拆液压管件（快速接头）部位，各阀件之表压力确定为 0 压力后，才可以拆管。最后按电控箱上“停止”按钮，关闭电源。

（7）卸载，将管路和元件拆下放回原处。液压快速接头与软管拆下后，随即用抹布擦拭衔接部位之油渍，避免油渍积少成多。

任务拓展

专用铣床液压系统回路的装调

专用铣床液压系统回路由齿轮泵、换向阀、液压缸、溢流阀、单向阀、调速阀等元件组成，如图 1—15 所示。

1. 任务要求

（1）根据图 1—15 进行备料，选用溢流阀、换向阀、单向阀等。

（2）合理布置各个液压元件的安装位置，掌握液压元件间的连接要求。

（3）进行溢流阀、换向阀的调试，观察液压缸的变化及回路动作情况。

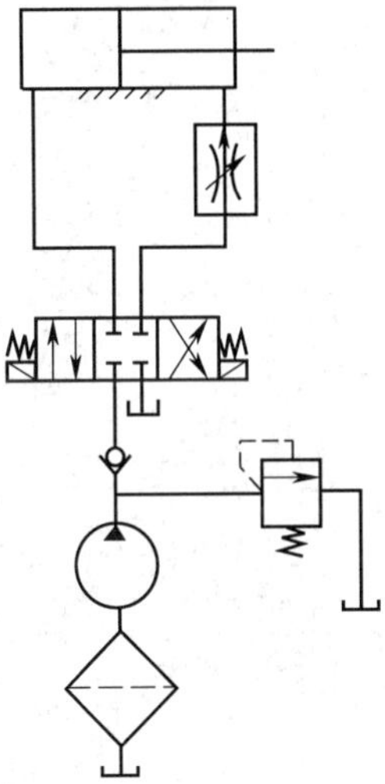

图 1—15　专用铣床液压系统

2. 实践步骤

（1）选用的工具有扳手、六角扳手。

（2）认真学习相关资料、专用铣床液压系统原理图、工作手册。

（3）操作步骤如下：

1）根据课题的要求准备齿轮泵、换向阀、液压缸、溢流阀、单向阀、调速阀等元件及安装需要的相关工具。

2）按课题要求看懂图样上的齿轮泵、换向阀、液压缸、溢流阀、单向阀、调速阀等符号。

3）将齿轮泵、换向阀、液压缸、溢流阀、单向阀、调速阀等元件固定在安装板上。

4）对各元件进行接油管和接电线，并进行检查。

5）放松溢流阀，启动液压泵电动机。

6）按电控箱上“泵启动”按钮启动油泵，空转 10 min 后可进行调试。

7）调节换向阀，观察液压缸的变化及回路动作情况。

思考与练习

1. 液压传动系统由哪四部分组成？
2. 液压传动与机械传动相比有哪些优缺点？举例说明。

任务二　液压泵的拆装与调试

任务描述

如图 2—1 所示为液压泵，液压泵将原动机（电动机或内燃机）输出的机械能转换为工作油液的压力能，是一种能量转换装置。本任务要求能正确拆装与调试液压泵，并能够分析液压泵的结构和工作原理。

图 2—1　液压泵

任务分析

一、学习目标

1. 正确拆卸、组装及调试常用液压泵。
2. 分析常用液压泵的工作原理、组成及各部分的结构关系。
3. 能够根据不同的使用场合正确选用液压泵。

二、工作过程与学习活动

1. 相关知识（常用液压泵的工作原理及结构特点，其他泵简介，液压泵的选用）。
2. 任务实施（齿轮泵的拆装与调试）。
3. 任务拓展（叶片泵的拆装与调试）。

建议学时

6 学时。

1. 液压泵的工作原理是怎样的？
2. 常用液压泵具有哪些结构特点？
3. 液压泵应如何正确选择？

相关知识

一、常用液压泵的工作原理及结构特点

1. 液压泵的工作原理

液压泵都是依靠密封容积变化的原理来进行工作的，故一般称为容积式液压

泵。如图 2—2 所示为单柱塞液压泵的工作原理图。图中，柱塞 2 装在缸体 3 中形成一个密封容积 a，柱塞在弹簧 4 的作用下始终压紧在偏心轮 1 上。原动机驱动偏心轮 1 旋转使柱塞 2 做往复运动，使密封容积 a 的大小发生周期性的交替变化。当 a 由小变大时就形成部分真空，使油箱中油液在大气压作用下，经吸油管顶开单向阀 6 进入腔 a 而实现吸油；反之，当 a 由大变小时，a 腔中吸满的油液将顶开单向阀 5 流入系统而实现压油。这样液压泵就将原动机输入的机械能转换成液体的压力能，原动机驱动偏心轮不断旋转，液压泵就不断地吸油和压油。

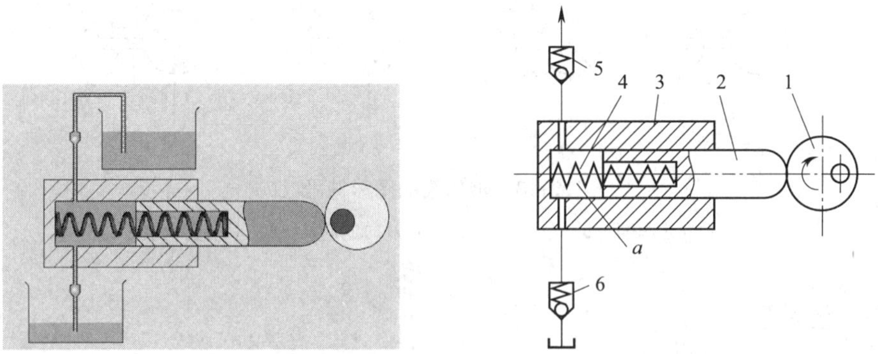

图 2—2　单柱塞液压泵工作原理

1—偏心轮　2—柱塞　3—泵体　4—弹簧　5、6—单向阀

2. 液压泵的特点

单柱塞液压泵具有一切容积式液压泵的基本特点，主要有如下几点：

（1）具有若干个密封且又可以周期性变化的空间。液压泵输出流量与此空间的容积变化量和单位时间内的变化次数成正比，与其他因素无关。这是容积式液压泵的一个重要特性。

（2）油箱内液体的绝对压力必须恒等于或大于大气压力。这是容积式液压泵能够吸入油液的外部条件。因此，为保证液压泵正常吸油，油箱必须与大气相通，或采用密闭的充压油箱。

（3）具有相应的配流机构，将吸油腔和排液腔隔开，保证液压泵有规律地、连续地吸、排液体。液压泵的结构原理不同，其配流机构也不相同。图 2—2 中的单向阀 5、6 就是配流机构。

容积式液压泵中的油腔处于吸油时称为吸油腔，处于压油时称为压油腔。吸油腔的压力决定于吸油高度和吸油管路的阻力，吸油高度过高或吸油管路阻力太大，会使吸油腔真空度过高而影响液压泵的自吸能力；压油腔的压力则取决于外负载和排油管路的压力损失，从理论上讲排油压力与液压泵的流量无关。

容积式液压泵排油的理论流量取决于液压泵的有关几何尺寸和转速，而与排油压力无关。但排油压力会影响泵的内泄漏和油液的压缩量，从而影响泵的实际输出流量，所以液压泵的实际输出流量随排油压力的升高而降低。

液压泵按其在单位时间内所能输出的油液的体积是否可调节，可分为定量泵和变量泵两类；按结构形式，可分为齿轮式、叶片式和柱塞式三类。液压泵的图形符号如图 2—3 所示。

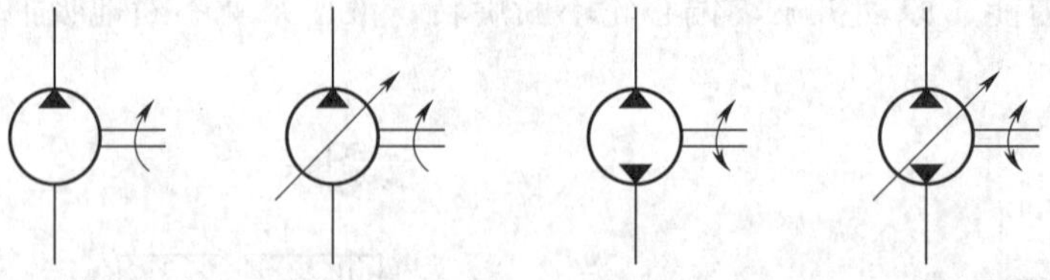

图 2—3　液压泵的图形符号

a）单向定量泵　b）单向变量泵　c）双向定量泵　d）双向变量泵

3．齿轮泵

齿轮泵是液压系统中广泛采用的一种液压泵，它一般做成定量泵，按结构不同，齿轮泵分为外啮合齿轮泵和内啮合齿轮泵，以外啮合齿轮泵应用最广。

（1）外啮合齿轮泵的工作原理和结构

外啮合齿轮泵的工作原理如图 2—4 所示。当泵的主动齿轮按图示箭头方向旋转时，齿轮泵右侧（吸油腔）齿轮脱开啮合，齿轮的轮齿退出齿间，使密封容积增大，形成局部真空，油箱中的油液在外界大气压的作用下，经吸油管路、吸油腔进入齿间。随着齿轮的旋转，吸入齿间的油液被带到另一侧，进入压油腔。这时轮齿进入啮合，使密封容积逐渐减小，齿轮间部分油液被挤出，形成了齿轮泵的压油过程。齿轮啮合时齿向接触线把吸油腔和压油腔分开，起配流作用。当齿轮泵的主动齿轮由电动机带动不断旋转时，轮齿脱开啮合的一侧，由于密封容积变大则不断从油箱中吸油，轮齿进入啮合的一侧，由于密封容积减小则不断地排油，这就是齿轮泵的工作原理。

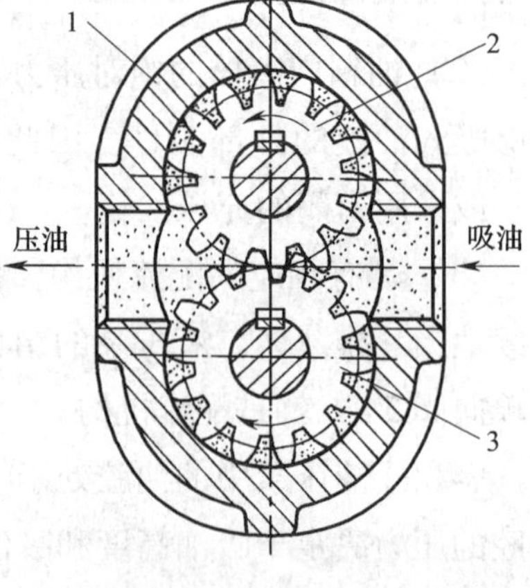

图 2—4　外啮合齿轮泵的工作原理

1—泵体　2—主动齿轮　3—从动齿轮

CB－B 齿轮泵的结构如图 2—5 所示。CB－B 齿轮泵是分离三片式结构，三片是指泵盖 4、8 和泵体 7，泵体 7 内装有一对齿数相同、宽度和泵体接近而又互相啮合的齿轮 6，这对齿轮与两端盖和泵体形成一密封腔，并由齿轮的齿顶和啮合线把密封腔划分为两部分，即吸油腔和压油腔。两齿轮分别用键固定在由滚针轴承支撑的主动轴 12 和从动轴 15 上，主动轴由电动机带动旋转。

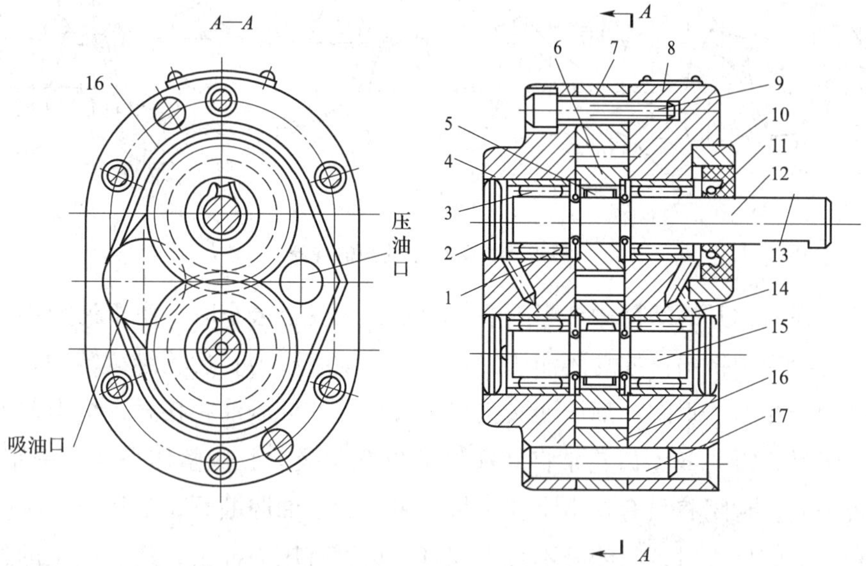

图 2—5　CB－B 齿轮泵的结构

1—轴承外环　2—堵头　3—滚子　4—后泵盖　5—键　6—齿轮　7—泵体　8—前泵盖　9—螺钉　10—压环　11—密封环　12—主动轴　13—键　14—泄油孔　15—从动轴　16—泄油槽　17—定位销

（2）外啮合齿轮泵的结构特点

1）困油。齿轮泵要能连续地供油，就要求齿轮啮合的重叠系数 $\varepsilon>1$，也就是当一对齿轮尚未脱开啮合时，另一对齿轮已进入啮合，这样，就出现同时有两对齿轮啮合的瞬间，在两对齿轮的齿向啮合线之间形成了一个封闭容积，一部分油液被困在这一封闭容积中（图 2—6a）。齿轮连续旋转时，这一封闭容积便逐渐减小，到两啮合点处于节点两侧的对称位置时（图 2—6b），封闭容积为最小；齿轮再继续转动时，封闭容积又逐渐增大，直到如图 2—6c 所示的位置时，容积又变为最大。在封闭容积减小时，被困油液受到挤压，压力急剧上升，使轴承上突然受到很大的冲击载荷，使泵剧烈振动，这时高压油从一切可能泄漏的缝隙中挤出，造成功率损失、使油液发热等。当封闭容积增大时，由于没有油液补充，因此形成局部真空，使原来溶解于油液中的空气分离出来，形成了气泡。油液中产生气泡后，会引起噪声、气蚀等一系列恶果。以上情况就是齿轮泵的困油现象，这种困油现象极为严重地影响着泵的工作平稳性和使用寿命。

为了消除困油现象，在 CB－B 型齿轮泵的泵盖上铣出两个困油卸荷槽，其几何关系如图 2—7 所示。卸荷槽的位置应该使困油腔由大变小时，能通过卸荷槽与压油腔相通；而当困油腔由小变大时，能通过另一卸荷槽与吸油腔相通。两卸荷槽之间的距离为 a，必须保证在任何时候都不能使压油腔和吸油腔互通。

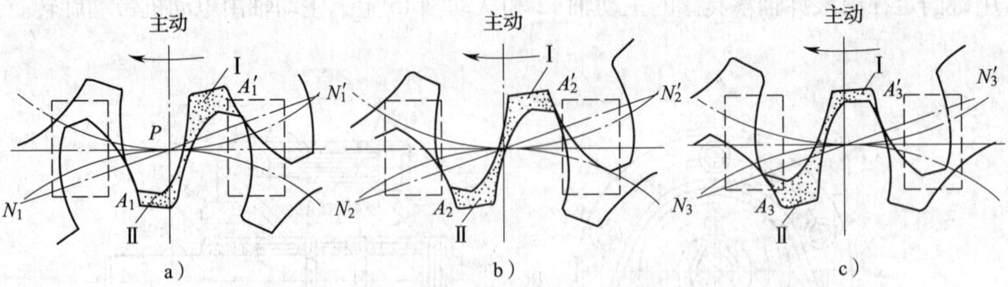

图 2—6　齿轮泵的困油现象

按上述对称开的卸荷槽，当困油封闭腔由大变至最小时，由于油液不易从即将关闭的缝隙中挤出，故封闭油压仍将高于压油腔压力；齿轮继续转动，当封闭腔和吸油腔相通的瞬间，高压油又突然和吸油腔的低压油相接触，会引起冲击和噪声。于是，CB－B 型齿轮泵将卸荷槽的位置向吸油腔侧整体平移了一定距离。这样改进后，封闭腔只有在由小变至最大时才和压油腔断开，油压没有突变，封闭腔和吸油腔接通时，封闭腔不会出现真空也没有压力冲击，使齿轮泵的振动和噪声得到了进一步改善。

2）径向不平衡力。齿轮泵工作时，在齿轮和轴承上承受径向液压力的作用。如图 2—8 所示，泵的右侧为吸油腔，左侧为压油腔。在压油腔内有液压力作用于齿轮上，沿着齿顶的泄漏油，具有大小不等的压力，就是齿轮和轴承受到的径向不平衡力。液压力越高，这个不平衡力就越大，其结果不仅加速了轴承的磨损，减少了轴承的寿命，甚至使轴变形而造成齿顶和泵体内壁的摩擦等。为了解决径向力不平衡问题，在有些齿轮泵上，采用开压力平衡槽的办法来消除径向不平衡力，但这将导致泄漏增多、容积效率降低等。CB－B 型齿轮泵则采用缩小压油腔，以减少液压力对齿顶部分的作用面积来减小径向不平衡力，所以泵的压油口孔径比吸油口孔径要小。

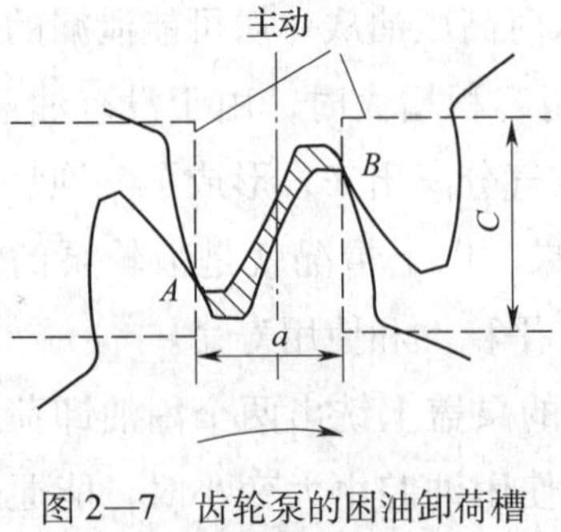

图 2—7　齿轮泵的困油卸荷槽

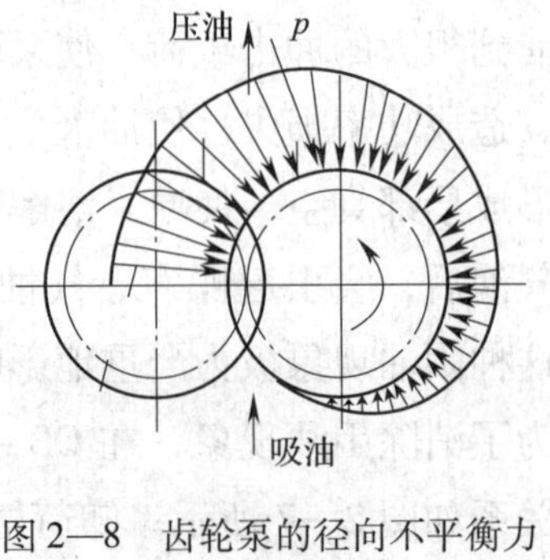

图 2—8　齿轮泵的径向不平衡力

3）泄漏。在液压泵中，运动件间是靠微小间隙密封的，这些微小间隙从运动学上形成摩擦副，而高压腔的油液通过间隙向低压腔泄漏是不可避免的。齿轮泵压油腔的压力油可通过三条途径泄漏到吸油腔当中：一是通过齿轮啮合线处的间隙（齿侧间隙）；二是通过泵体定子环内孔和齿顶间的径向间隙（齿顶间隙）；三是通过齿轮两端面和侧板间的间隙（端面间隙）。在这三类间隙中，端面间隙的泄漏量最大，压力越高，由间隙泄漏的液压油液就越多。因此为了提高齿轮泵的压力和容积效率，需要从结构上采取措施，对端面间隙进行自动补偿。

4. 叶片泵

叶片泵有单作用式和双用式两大类。叶片泵的特点是输出流量均匀、脉动小、噪声小，但结构较复杂，对油液的污染比较敏感。

（1）单作用叶片泵

1）单作用叶片泵的工作原理。如图2—9所示为单作用叶片泵的工作原理，泵由转子2、定子3、叶片4和配油盘等组成。定子的内表面是圆柱面，转子和定子中心之间存在着偏心，叶片在转子的槽内可灵活滑动，在转子转动时的离心力以及叶片根部油压力的作用下，叶片顶部贴紧在定子内表面上，于是，两相邻叶片、配油盘、定子和转子便形成了一个密封的工作腔。当转子按图示方向旋转时，图右侧的叶片向外伸出，密封工作腔容积逐渐增大，产生真空，油液通过吸油口5、配油盘上的吸油窗口进入密封工作腔；而在图的左侧，叶片往里缩进，密封腔的容积逐渐缩小，密封腔中的油液排往配油盘排油窗口，经压油口1被输送到系统中。这种泵在转子转一圈的过程中，吸油、压油各一次，故称单作用叶片泵。从力学上讲，转子上受单方向的液压不平衡作用力，故又称非平衡式泵，其轴承负载大。若改变定子和转子间的偏心距的大小，便可改变泵的排量，形成变量叶片泵。

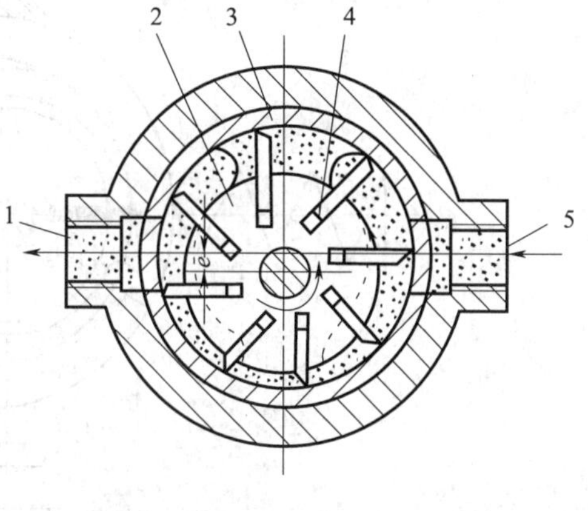

图2—9 单作用叶片泵的工作原理

1—压油口 2—转子 3—定子

4—叶片 5—吸油口

2）单作用叶片泵的结构特点如下：

①改变定子和转子之间的偏心便可改变流量。偏心反向时，吸油、压油方向也相反。

②处在压油腔的叶片顶部受到压力油的作用，该作用要把叶片推入转

子槽内。为了使叶片顶部可靠地和定子内表面相接触，压油腔一侧的叶片底部要通过特殊的沟槽和压油腔相通。吸油腔一侧的叶片底部要和吸油腔相通，这里的叶片仅靠离心力的作用顶在定子内表面上。

③由于转子受到不平衡的径向液压作用力，所以这种泵一般不宜用于高压。

④为了更有利于叶片在惯性力作用下向外伸出，而使叶片有一个与旋转方向相反的倾斜角，称该倾斜角为后倾角，后倾角一般为24°。

3）限压式变量叶片泵。单作用叶片泵的变量方式有手调和自调两种。自调变量泵根据工作特性的不同，又可分为限压式、恒压式和恒流式三类。其中，以限压式应用较多。限压式变量泵又可分为外反馈式和内反馈式两种，这里介绍外反馈式。

图2—10为外反馈限压式变量叶片泵的工作原理，它能根据泵出口负载压力的大小自动调节泵的排量。图中转子1的中心是固定不动的，定子3可沿滑块滚针轴承4左右移动。定子右边有反馈柱塞5，它的油腔与泵的压油腔相通。设反馈柱塞的受压面积为 A_x，则作用在定子上的反馈力 pA_x 小于作用在定子上的弹簧力 F_x 时，弹簧2把定子推向最右边，柱塞和流量调节螺钉6用以调节泵的原始偏心 e_o，进而调节流量，此时偏心达到预调值 e_o，泵的输出流量最大。当泵的压力升高到 $pA_x > F_x$ 时，反馈力克服弹簧预紧力，推定子左移距离 x，偏心减小，泵输出流量随之减小。压力越高，偏心越小，输出流量也越小。当压力达到使泵的偏心所产生的流量全部用于补偿泄漏时，泵的输出流量为零，不管外负载再怎样加大，泵的输出压力不会再升高，所以这种泵被称为外反馈限压式变量叶片泵。

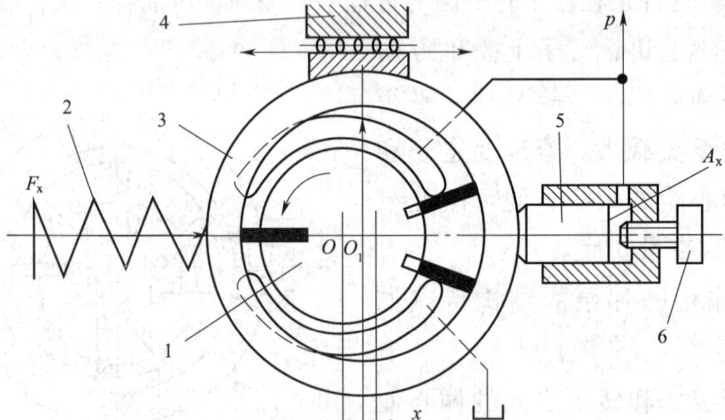

图2—10　外反馈限压式变量叶片泵

1—转子　2—弹簧　3—定子　4—滑块滚针轴承　5—反馈柱塞　6—流量调节螺钉

（2）双作用叶片泵

1）双作用叶片泵的工作原理。如图 2—11 所示为双作用叶片泵的工作原理，它的作用原理和单作用叶片泵相似，不同之处只在于定子内表面是由两段长半径圆弧、两段短半径圆弧和四段过渡曲线组成，且定子和转子是同心的。在图 2—11 中，当转子顺时针方向旋转时，密封工作腔的容积在左上角和右下角处逐渐增大，为吸油区；在左下角和右上角处逐渐减小，为压油区。吸油区和压油区之间有一段封油区将吸、压油区隔开。这种泵的转子每转一圈，每个密封工作腔完成吸油和压油动作各两次，所以称为双作用叶片泵。泵的两个吸油区和两个压油区是径向对称的，作用在转子上的压力径向平衡，所以又称为平衡式叶片泵。

2）双作用叶片泵的结构特点如下：

①配油盘。双作用叶片泵的配油盘如图 2—12 所示，在盘上有两个吸油窗口 2、4 和两个压油窗口 1、3，窗口之间为封油区，通常应使封油区对应的中心角 β 稍大于或等于两个叶片之间的夹角，否则会使吸油腔和压油腔连通，造成泄漏。当两个叶片间密封油液从吸油区过渡到封油区（长半径圆弧处）时，其压力基本上与吸油压力相同，但当转子再继续旋转一个微小角度时，使该密封腔突然与压油腔相通，使其中油液压力突然升高，油液的体积突然收缩，压油腔中的油倒流进该腔，使液压泵的瞬时流量突然减小，引起液压泵的流量脉动、压力脉动和噪声，为此在配油盘的压油窗口靠叶片从封油区进入压油区的一边开有一个截面形状为三角形的三角槽（又称眉毛槽），使两叶片之间的封闭油液在未进入压油区之前就通过该三角槽与压力油相连，其压力逐渐上升，因而减缓了流量和压力脉动，并降低了噪声。环形槽 c 与压油腔相通并与转子叶片槽底部相通，使叶片的底部作用有压力油。

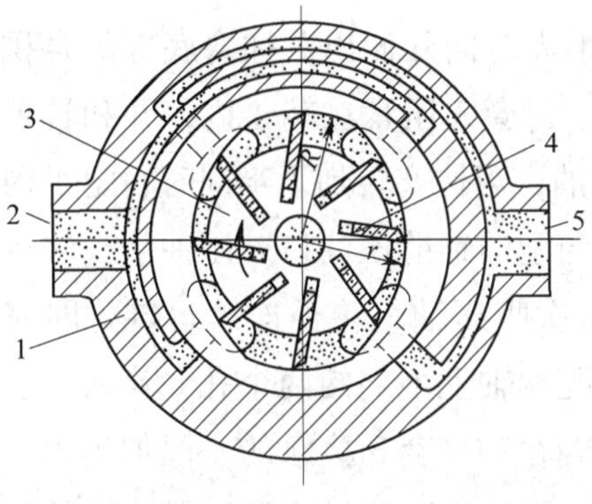

图 2—11　双作用叶片泵工作原理

1—定子　2—压油口　3—转子

4—叶片　5—吸油口

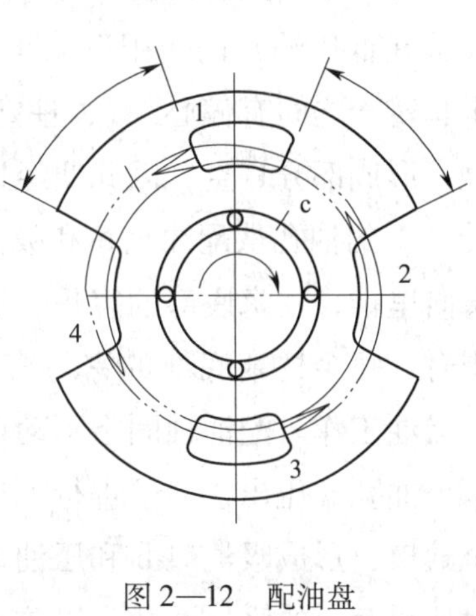

图 2—12　配油盘

1、3—压油窗口　2、4—吸油窗口

c—环形槽

②定子过渡曲线。定子内表面的曲线由四段圆弧和四段过渡曲线组成，泵的动力学特性很大程度上受过渡曲线的影响。理想的过渡曲线不仅应使叶片在槽中滑动时的径向速度变化均匀；而且应使叶片转到过渡曲线和圆弧段交接点处的加速度突变不大，以减小冲击和噪声；同时，还应使泵的瞬时流量的脉动最小。

③叶片安放角。设置叶片安放角有利于叶片在槽内滑动，为了保证叶片顺利地从叶片槽滑出，减小叶片的压力角，根据过渡曲线的动力学特性，双作用叶片泵转子的叶片槽常做成沿旋转方向向前倾斜一个安放角（10°~14°）。当叶片有安放角时，叶片泵就不允许反转。

5. 柱塞泵

柱塞泵是靠柱塞在缸体中做往复运动造成密封容积的变化来实现吸油与压油的液压泵。与齿轮泵和叶片泵相比，这种泵有许多优点：第一，构成密封容积的零件为圆柱形的柱塞和缸孔，加工方便，可得到较高的配合精度，密封性能好，在高压下工作仍有较高的容积效率；第二，只需改变柱塞的工作行程就能改变流量，易于实现变量；第三，柱塞泵中的主要零件均受压应力作用，材料强度性能可得到充分利用。由于柱塞泵压力高、结构紧凑、效率高、流量调节方便，故在需要高压、大流量、大功率的系统中和流量需要调节的场合，如龙门刨床、拉床、液压机、工程机械、矿山冶金机械、船舶上得到广泛的应用。柱塞泵按柱塞的排列和运动方向不同，可分为径向柱塞泵和轴向柱塞泵两大类。

（1）径向柱塞泵

径向柱塞泵的工作原理如图 2—13 所示，柱塞 1 径向排列装在缸体 2 中，缸体由原动机带动连同柱塞 1 一起旋转，所以缸体 2 一般称为转子。柱塞 1 在离心力（或在低压油）的作用下抵紧定子 4 的内壁。当转子按图示方向回转时，由于定子和转子之间有偏心距 e，柱塞绕到上半周时向外伸出，柱塞底部的容积逐渐增大，形成部分真空，因此便经过衬套 3（衬套 3 压紧在转子内，并和转子一起回转）上的油孔从配油轴 5 和吸油口 b 吸油；当柱塞转到下半周时，定子内壁将柱塞向里推，柱塞底部的容积逐渐减小，向配油轴的压油口 c 压油。当转子回转一周时，每个柱塞底部的密封容积完成一次吸压油，转子连续运转，即完成压油、吸油工作。配油轴固定不动，油液从配油轴上半部的两个孔 a 流入，从下半部两个油孔 d 压出，为了进行配油，配油轴在和衬套 3 接触的一段加工出上、下两个缺口，形成吸油口 b 和压油口 c，留下的部分形成封油区。封油区的宽度应能封住衬套上的吸压油孔，以防止吸油口和压油口相连通，但尺寸也不能大得太多，以免产生困油现象。

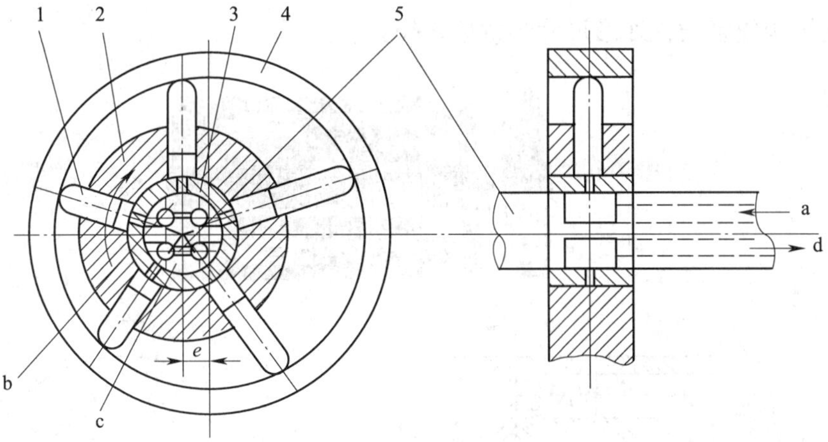

图 2—13　径向柱塞泵的工作原理

1—柱塞　2—缸体　3—衬套　4—定子　5—配油轴

（2）轴向柱塞泵

1）轴向柱塞泵的工作原理。轴向柱塞泵是将多个柱塞配置在一个共同缸体的圆周上，并使柱塞中心线和缸体中心线平行的一种泵。轴向柱塞泵有两种形式，即直轴式（斜盘式）和斜轴式（摆缸式）。如图 2—14 所示为直轴式轴向柱塞泵的工作原理，这种泵主体由缸体 1、配油盘 2、柱塞 3 和斜盘 4 组成。柱塞沿圆周均匀分布在缸体内。斜盘轴线与缸体轴线倾斜一角度，柱塞靠机械装置或在低压油作用下压紧在斜盘上（图 2—14 中为弹簧），配油盘 2 和斜盘 4 固定不转，当原动机通过传动轴使缸体转动时，由于斜盘的作用，迫使柱塞在缸体内做往复运动，并通过配油盘的配流窗口进行吸油和压油。如图 2—14 中所示的回转方向，当缸体转角在 $\pi \sim 2\pi$ 范围内时，柱塞向外伸出，柱塞底部缸孔的密封工作容积增大，通过配油盘的吸油窗口吸油；在 $0 \sim \pi$ 范围内，柱塞被斜盘推入缸体，使缸孔容积减小，通过配油盘的压油窗口压油。缸体每转一圈，每个柱塞各完成吸油、压油一次。如改变斜盘倾角，就能改变柱塞行程的长度，即改变液压泵的排量；改变斜盘倾角方向，就能改变吸油和压油的方向，即成为双向变量泵。

配油盘上吸油窗口和压油窗口之间的密封区宽度 l 应稍大于柱塞缸体底部通油孔宽度 l_1。但不能相差太大，否则会发生困油现象。一般在两配流窗口的两端部开有小三角槽，以减小冲击和噪声。

斜轴式轴向柱塞泵的缸体轴线相对传动轴轴线成一倾角，传动轴端部用万向铰链、连杆与缸体中的每个柱塞相连接，当传动轴转动时，通过万向铰链、连杆使柱塞和缸体一起转动，并迫使柱塞在缸体中做往复运动，借助配油盘进行吸油和压油。这类泵的优点是变量范围大，泵的强度较高，但和直轴式轴向柱塞泵相比，其结构较复杂，外形尺寸和重量均较大。

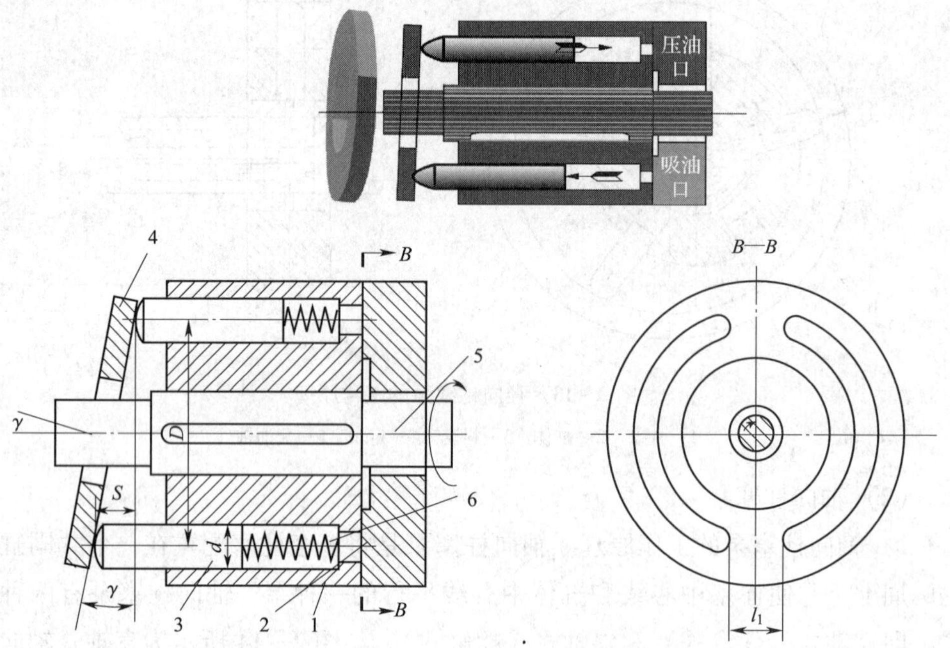

图 2—14　轴向柱塞泵的工作原理

1—缸体　2—配油盘　3—柱塞　4—斜盘　5—传动轴　6—弹簧

轴向柱塞泵的优点是结构紧凑、径向尺寸小，惯性小，容积效率高。目前轴向柱塞泵最高压力可达 40 MPa，甚至更高。但其轴向尺寸较大，轴向作用力也较大，结构比较复杂。轴向柱塞泵一般用于工程机械、压力机等高压系统中。

2）轴向柱塞泵的典型结构。如图 2—15 所示为一种直轴式轴向柱塞泵的结构。柱塞的球状头部装在滑履 4 内，以缸体作为支撑的弹簧 9 通过钢球推压回程盘 3，回程盘和柱塞、滑履一同转动。在排油过程中借助斜盘 2 推动柱塞作轴向运动；在吸油时依靠回程盘、钢球和弹簧组成的回程装置将滑履紧紧压在斜盘表面上滑动，弹簧 9 一般称为回程弹簧，这样的泵具有自吸能力。在滑履与斜盘相接触的部分有一油室，它通过柱塞中间的小孔与缸体中的工作腔相连，压力油进入油室后在滑履与斜盘的接触面间形成了一层油膜，起着静压支撑的作用，使滑履作用在斜盘上的力大大减小，因而磨损也减小。传动轴 8 通过左边的花键带动缸体 6 旋转，由于滑履 4 贴紧在斜盘表面上，柱塞在随缸体旋转的同时在缸体中做往复运动。缸体中柱塞底部的密封工作容积通过配油盘 7 与泵的进出口相通，随着传动轴的转动，液压泵就连续地吸油和排油。

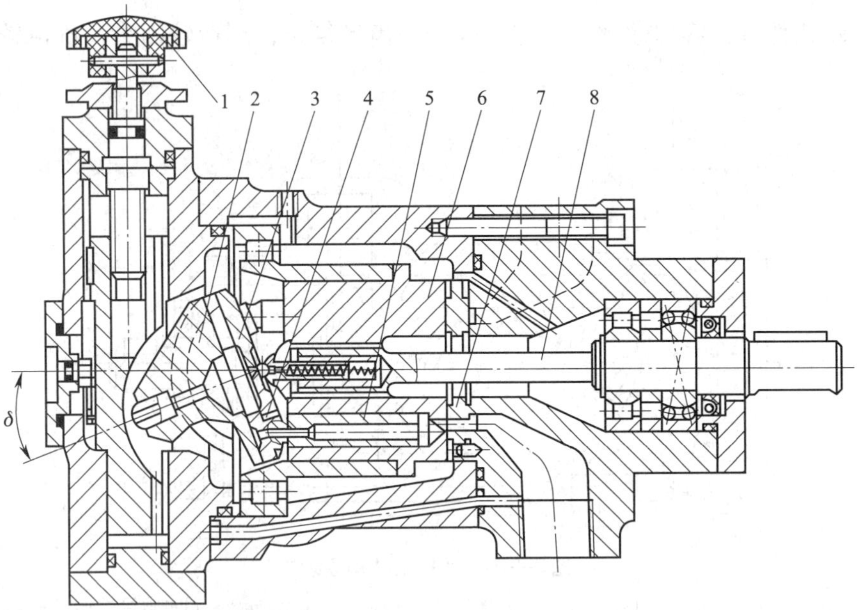

图 2—15　直轴式轴向柱塞泵结构

1—转动手轮　2—斜盘　3—回程盘　4—滑履　5—柱塞　6—缸体　7—配油盘　8—传动轴

改变斜盘的倾角，可改变轴向柱塞泵的排量和输出流量。如图 2—15 所示，转动手轮，使丝杠转动，带动变量活塞做轴向移动（因导向键的作用，变量活塞只能做轴向移动，不能转动）。通过轴销使斜盘绕变量机构壳体上的圆弧导轨面的中心（即钢球中心）旋转。从而使斜盘倾角改变，达到变量的目的。这种变量机构结构简单，但操纵不轻便，且不能在工作过程中变量。

二、其他泵简介

1. 螺杆泵

螺杆泵工作原理如图 2—16 所示，螺杆泵是利用螺杆的回转来吸排液体的。图 2—16 中，中间螺杆为主动螺杆，由原动机带动回转，两边的螺杆为从动螺杆，随主动螺杆做反向旋转。主、从动螺杆的螺纹均为双头螺纹。由于各螺杆的相互啮合以及螺杆与衬套内壁的紧密配合，在泵的吸入口和排出口之间，就会被分隔成一个或多个密封空间。随着螺杆的转动和啮合，这些密封空间在泵的吸入端不断形成，将吸入室中的液体封入其中，并自吸入室沿螺杆轴向连续地推移至排出端，将封闭在各空间中的液体不断排出，这就是螺杆泵的基本工作原理。

螺杆泵结构紧凑，体积小，重量轻，运转平稳，输出油液均匀，噪声小，油液污染敏感性差，容积效率高。但是螺杆泵齿形复杂，制造较困难，价格较贵。

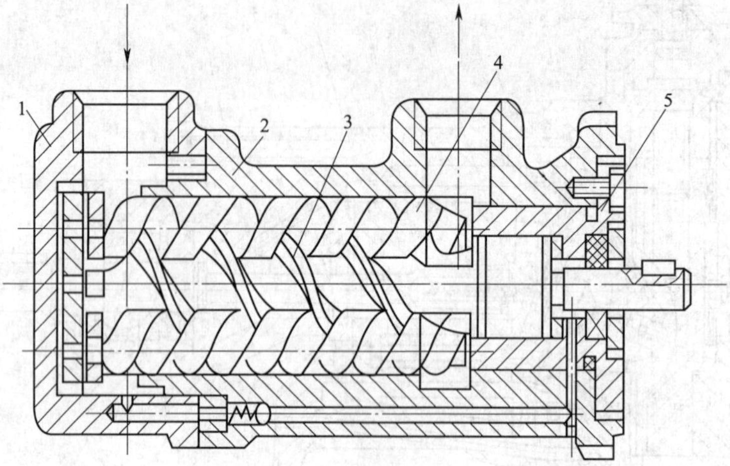

图 2—16　螺杆泵结构原理

1—后盖　2—壳体（或衬套）　3—主动螺杆（凸螺杆）　4—从动螺杆（凹螺杆）　5—前盖

2. 内啮合齿轮泵

内啮合齿轮泵有渐开线齿形和摆线齿形两种，其结构如图 2—17 所示。这两种内啮合齿轮泵工作原理和主要特点均与外啮合齿轮泵相同。在渐开线齿形内啮合齿轮泵中，小齿轮和内齿轮之间要装一块月牙隔板，以便把吸油腔和压油腔隔开，如图 2—17a 所示；摆线齿形啮合齿轮泵又称摆线转子泵，在这种泵中，小齿轮和内齿轮只相差一齿，因而不需设置隔板，如图 2—17b 所示。内啮合齿轮泵中的小齿轮为主动轮，大齿轮为从动轮，在工作时大齿轮随小齿轮同向旋转。

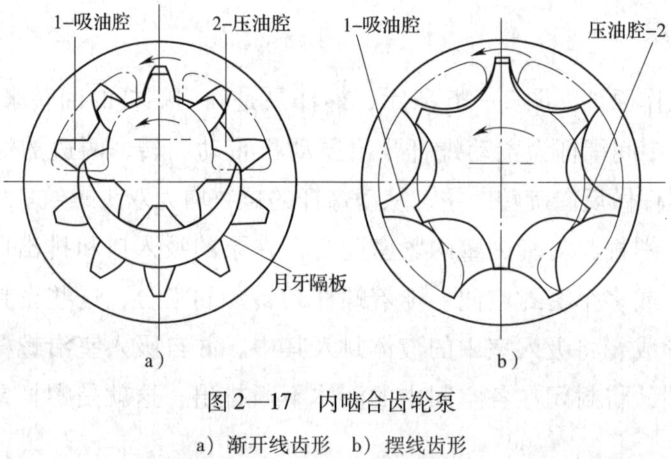

图 2—17　内啮合齿轮泵

a）渐开线齿形　b）摆线齿形

内啮合齿轮泵的结构紧凑，尺寸小，重量轻，运转平稳，噪声低，在高转速工作时有较高的容积效率。但在低速、高压下工作时，压力脉动大，容积效率低，所以一般用于中、低压系统。在闭式系统中，常用这种泵作为补油泵。内啮合齿轮泵的缺点是齿形复杂，加工困难，价格较贵，且不适合高速、高压工况。

三、液压泵的选用

液压泵是向液压系统提供一定流量和压力的油液的动力元件，它是每个液压系统不可缺少的核心元件。合理地选择液压泵对于降低液压系统的能耗、提高系统的效率、降低噪声、改善工作性能和保证系统的可靠工作都十分重要。

选择液压泵的原则是：根据主机工况、功率大小和系统对工作性能的要求，首先确定液压泵的类型，然后按系统所要求的压力、流量大小确定其规格型号。

表 2—1 列出了液压系统中常用液压泵的主要性能。

表 2—1　　液压系统中常用液压泵的性能比较

性能	外啮合齿轮泵	双作用叶片泵	限压式变量叶片泵	径向柱塞泵	轴向柱塞泵	螺杆泵
输出压力	低压	中压	中压	高压	高压	低压
流量调节	不能	不能	能	能	能	不能
效率	低	较高	较高	高	高	较高
输出流量脉动	很大	很小	一般	一般	一般	最小
自吸特性	好	较差	较差	差	差	好
对油的污染敏感性	不敏感	较敏感	较敏感	很敏感	很敏感	不敏感
噪声	大	小	较大	大	大	最小

一般来说，由于各类液压泵各自突出的特点，其结构、功用和动转方式各不相同，因此应根据不同的使用场合选择合适的液压泵。一般负载小、功率小的液压设备，可选用齿轮泵或双作用叶片泵；负载大、功率大的设备，如压力机、刨床、拉床，可选用柱塞泵；特殊精密的设备，如镜面磨床、注塑机等，可用双作用式叶片泵、螺杆泵；负载较大并有快速和慢速工作行程的机械设备，如组合机床，可选用限压式变量叶片泵和双联叶片泵；机械设备的辅助装置，如送料、夹紧等不重要场合，可选用价格低、抗污染能力强的齿轮泵。

任务实施

一、拆卸齿轮泵

如图 2—18 所示为外啮合式齿轮泵的外观和立体分解图。

a）

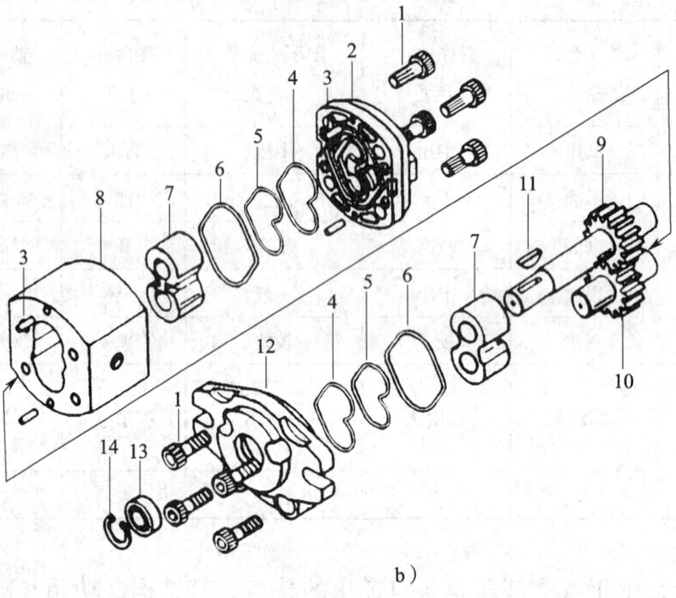

b）

图 2—18　外啮合齿轮泵

a）外观图　b）立体分解图

1—螺钉　2、12—前、后泵盖　3—定位销　4、5、6—密封圈　7—轴套　8—泵体

9—从动齿轮轴　10—主动齿轮轴　11—键　13—联轴器　14—挡圈

步骤 1，准备好内六角扳手一套、耐油橡胶板一块、油盘一个及钳工工具一套。

步骤2，松开泵体与泵盖的连接螺钉1。

步骤3，取出定位销3。

步骤4，将前泵盖2、后泵盖12和泵体8分离。

步骤5，取出密封圈4、5、6。

步骤6，从泵体8中依次取出轴套7、主动齿轮轴9、从动齿轮轴10。如果配合面有些发卡，可用铜棒轻轻敲击取出，禁止猛力敲打，损坏零件。拆卸后，观察轴套的构造，并记住安装方向。

步骤7，观察分析其内部结构并填写表2—2。

表2—2　　拆装齿轮泵的记录

序号	实训项目	结 论
1	泵的名称及符号	
2	组成泵的零部件名称	
3	密封工作腔的部位	
4	指出吸油腔与压油腔位置，并说明齿轮泵是如何将吸油腔与压油腔隔开的	
5	找出齿轮泵的泄漏部位，哪里的泄漏量大	

二、装配齿轮泵

步骤1，装配前，应将所有待装配的零件或部件全面再检验一次。

步骤2，仔细清洗各零部件，防止粘有污物的零件进入装配。

步骤3，按拆卸的反向顺序装配齿轮泵。

装配注意事项如下：

（1）装配时力戒不必要的敲打，需要敲打时不能直接用榔头敲零件，要通过中间物（如木块）垫着敲打。

（2）拧螺钉时，应均匀对角逐步拧入，一边拧紧一边用手转动泵轴，手感轻重一致为佳。

三、测试齿轮泵

步骤1，点动让泵转动几圈，观察泵的转向是否正确，确认泵的运转是否正常，有无异常的声响。

步骤2，测定流量、压力等。

四、调试齿轮泵

步骤1，检查齿轮泵组装是否有错误。

步骤2，将齿轮泵接上液压系统，看能否正常工作。若不能，分析产生故障的原因，并予以排除。齿轮泵常见故障诊断与维修方法见表2—3。

表2—3　齿轮泵常见故障诊断与维修方法

序号	故障现象	故障原因	维修方法
1	吸不上油，无油液输出	（1）电动机转向不对 （2）电动机轴或泵轴上漏装传动键 （3）齿轮与泵轴之间漏装连接键 （4）进油管路密封圈漏装或破损 （5）进油滤油器或吸油管因油箱油液不够而裸露在油面之上，吸不上油 （6）装配时轴向间隙过大 （7）泵的转速过高或过低	（1）将电动机电源进线某两相交换一下 （2）补装传动键 （3）补装连接键 （4）补装密封圈 （5）应往油箱中加油至规定高度 （6）调整间隙 （7）泵的转速应调整至允许范围
2	泵虽上油，但输出油量不足，压力也升不到标定值	（1）电机转速不够 （2）选用的液压油黏度过高或过低 （3）进油过滤器堵塞 （4）前后盖板或侧盖板端面严重拉伤，产生的内泄漏太大 （5）对于采用浮动轴套或浮动侧板式齿轮泵，浮动轴套或浮动侧板端面拉伤或磨损 （6）油温太高，液压油黏度降低，内泄增大使输出油量减少	（1）电机转速应达标 （2）合理选用液压油 （3）清洗过滤器 （4）用平面磨床磨平前后盖板或侧盖板端面 （5）修磨浮动轴套或浮动侧板端面 （6）查明原因，采取相应措施，对中高泵，应检查密封圈
3	发出“咯咯咯……”或“喳喳喳……”的噪声	（1）从吸入管或轴密封处吸入空气，或者油中有气泡 （2）联轴器的键或花键磨损造成回转件的径向跳动产生机械噪声 （3）齿轮泵与驱动电动机安装不同心	（1）在连接部位或密封处加点油，如果噪声减小，可拧紧接头处或更换密封圈，回油管口应在油面以下，与吸油管要有一定距离 （2）修理联轴器的键或花键，必要时更换 （3）重新安装，使泵与电机的同心度满足要求

任务拓展

叶片泵的拆装与调试

如图 2—19 所示为 YB1 叶片泵外观和立体分解图。

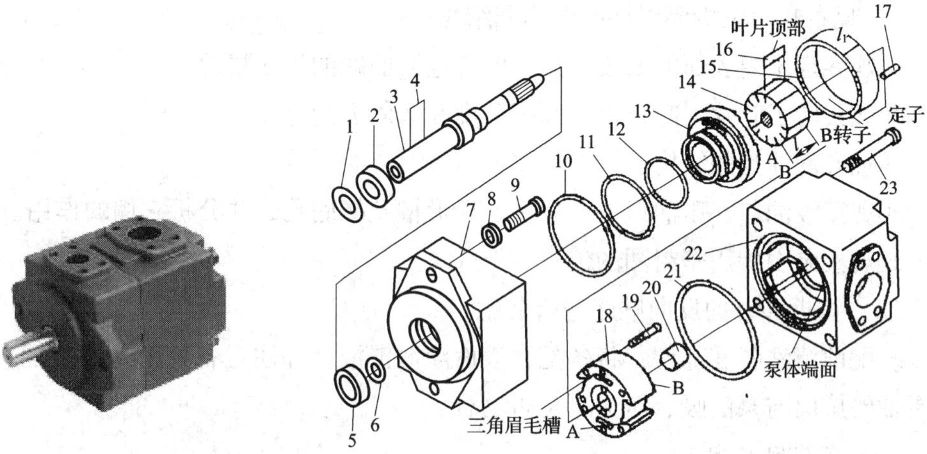

a)　　　　　　　　b)

图 2—19　YB1 叶片泵

a）外观　b）立体分解图

1、6—卡簧　2—油封　3—传动轴　4—键　5—轴承　7—泵盖　8—弹簧垫圈　9—安装螺钉
10、11、12、21—密封圈　13—左配油盘　14—转子　15—定子　16—叶片
17—定位销　18—右配油盘　19、23—螺钉　20—自润滑轴承　22—泵体

1. 任务要求

（1）按步骤正确拆卸叶片泵，观察叶片泵主要零件的作用和结构。

（2）按拆卸时的反向顺序装配叶片泵。

（3）测试叶片泵。连接液压系统并调试，看能否正常工作。若不能正常工作，需进行故障排除。

2. 实践步骤

（1）拆卸叶片泵

1）准备好内六角扳手一套、耐油橡胶板一块、油盘一个及钳工工具一套。

2）拧下 4 个螺钉 23，卸下泵盖 7。

3）卸下传动轴 3。

4）卸下由左配油盘 13、右配油盘 18、定子 16、转子 15 等组成的组件，使它们与泵体 22 上脱离。

5）卸下密封圈 10、11、12、21 等。

6）再将左右配油盘、定子、转子等组件拆开。

①拧下螺钉 19。

②卸下左配油盘 13、右配油盘 18、定位销 17。

③卸下定子 15、转子 14 的叶片 16。

7）观察叶片泵主要零件的作用和结构：

①观察定子内表面的四段圆弧和四段过渡曲线的组成情况。

②观察转子叶片上叶片槽的倾斜角度和倾斜方向。

③观察配油盘的结构。

④观察吸油口、压油口、三角槽、环形槽及槽底孔，并分析它们的作用。

⑤观察泵中所用密封圈的位置和形式。

（2）按拆卸时的反向顺序进行装配

装配前清洗各零部件，将各配合表面涂润滑液，并注意各处密封的装配，检查泵轴的旋向与泵的吸、压油口是否吻合。

（3）测试叶片泵

1）点动使泵转动几圈，观察泵的转向是否正确，确认泵的运转是否正常，有无异常的声响。

2）测定流量、压力等。

（4）调试液压泵

检查叶片泵组装没有错误时，连接液压系统看能否正常工作。若不能，分析产生故障的原因，并予以排除。叶片泵的常见故障诊断与维修方法见表 2—4。

表 2—4　　叶片泵的常见故障诊断与维修方法

序号	故障现象	故障原因	维修方法
1	泵不出油；或泵输出油，但出油量不够	（1）泵的旋转方向不对 （2）泵的转速不够 （3）吸油管路或滤油器堵塞 （4）油箱液面过低 （5）液压油黏度过大 （6）配油盘端面过度磨损 （7）叶片与定子内表面接触不良 （8）叶片卡死 （9）连接螺钉松动 （10）溢流阀失灵	（1）改变电机转向 （2）提高转速 （3）疏通管路，清洗滤油器 （4）补油至油标线 （5）更换合适的油 （6）修磨或更换配油盘 （7）修磨或更换叶片 （8）修磨或更换叶片 （9）按规定拧紧螺钉 （10）调整或拆检该阀

续表

序号	故障现象	故障原因	维修方法
2	泵的噪声大，振动也大	（1）吸油高度太大，油箱液面低 （2）泵与联轴器不同轴或松动 （3）吸油管路或过滤器堵塞 （4）吸油管连接处密封不严 （5）液压油黏度过大 （6）个别叶片运动不灵活或装反 （7）定子吸油区内表面磨损	（1）降低吸油高度，补充液压油 （2）重装联轴器 （3）疏通管路，清洗过滤器 （4）紧固连接件 （5）更换合适的油 （6）研磨或重装叶片 （7）抛光定子内表面
3	泵异常发热，油温过高	（1）环境温度过高 （2）液压油黏度过大 （3）油箱散热差 （4）电动机与泵轴不同轴 （5）油箱容积不够 （6）配油盘端面过度磨损 （7）叶片与定子内表面过度磨损	（1）加强散热 （2）更换合适的油 （3）改进散热条件 （4）重装电动机与泵轴 （5）更换合适的油箱 （6）修磨或更换配油盘 （7）修磨或更换配油盘和定子
4	外泄漏	（1）油封不合格或未装好 （2）密封圈损坏 （3）泵内零件间磨损，间隙过大 （4）组装螺钉过松	（1）更换或重装密封圈 （2）更换密封圈 （3）更换或重新研配零件 （4）拧紧螺钉

思考与练习

1. 在齿轮泵中，开困油卸荷槽的原则是什么？
2. 外啮合齿轮泵的结构特点是什么？

任务三　液压缸的拆装与调试

任务描述

如图 3—1 所示为液压缸。液压缸又称为油缸，它是液压系统中的一种执行元件，其功能就是将液压泵输出的液压能转换成能进行直线运动（或摆动运动）的机械能。本任务要求能正确拆装与调试液压缸，并能够分析液压缸的结构和工作原理。

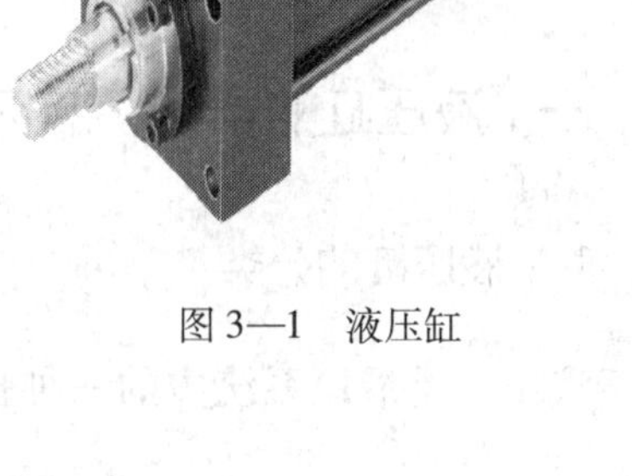

图 3—1　液压缸

任务分析

一、学习目标

1. 正确拆卸、组装及调试液压缸。
2. 分析液压缸的工作原理、结构及组成。
3. 能够识别及选用液压辅助元件。

二、工作过程与学习活动

1. 相关知识（液压缸的类型、结构与工作原理、液压马达的结构和工作原理、液压辅助元件的识别及选用）。
2. 任务实施（双作用单活塞杆液压缸的拆装与调试）。
3. 任务拓展（液压马达的拆装与调试）。

建议学时

6 学时。

1. 液压缸是如何工作的？
2. 液压缸有哪些种类？
3. 液压缸由哪几个部分组成？

相关知识

一、液压缸的类型、结构与工作原理

1. 液压缸的分类

液压缸是液压系统中的一种执行元件，其功能就是将液压能转换成能进行直

线运动（或摆动运动）的机械能。液压缸按结构特点可分为活塞缸、柱塞缸和摆动缸等类型。液压缸按安装固定方式不同，可分为缸固定和杆固定两种。按其作用方式不同，液压缸又可分为单作用式液压缸和双作用式液压缸。

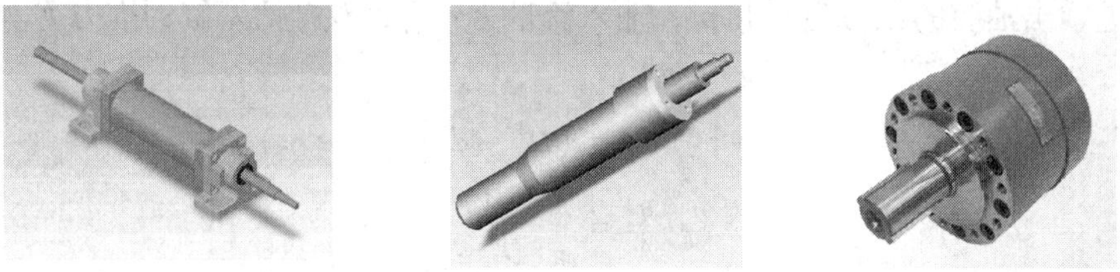

a）　　　　b）　　　　c）

图 3—2　液压缸的实物图

a）活塞缸　b）柱塞缸　c）摆动缸

2．活塞式液压缸的类型和特点

活塞式液压缸根据其使用要求不同可分为双杆式和单杆式两种。

（1）双杆式活塞缸

活塞两端都有一根直径相等的活塞杆伸出的液压缸称为双杆式活塞缸，它一般由缸体、缸盖、活塞、活塞杆和密封件等零件构成。根据安装方式不同，双杆式活塞缸可分为缸筒固定式和活塞杆固定式两种，如图 3—3 所示。

如图 3—3a 所示为缸筒固定式双杆活塞缸。它的进、出口布置在缸筒两端，活塞通过活塞杆带动工作台移动，当活塞的有效行程为 l 时，整个工作台的运动范围为 $3l$，所以机床占地面积大，一般适用于小型机床。当工作台行程要求较长时，可采用如图 3—3b 所示的活塞杆固定的形式，这时，缸体与工作台相连，活塞杆通过支架固定在机床上，动力由缸体传出。这种安装形式中，工作台的移动范围只等于液压缸有效行程 l 的两倍，因此占地面积小。进、出油口可以设置在固定不动的空心的活塞杆的两端，但必须使用软管连接。

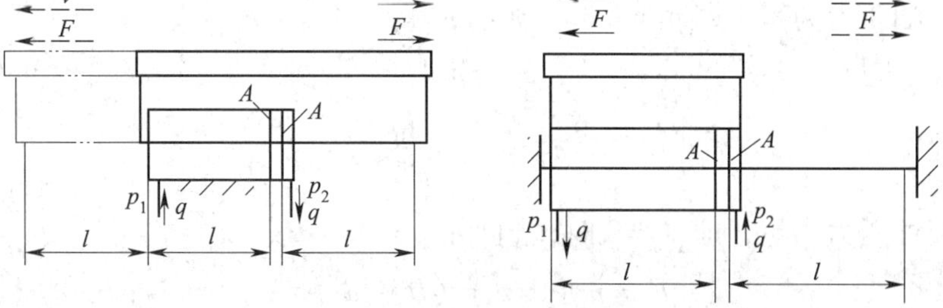

a）　　　　b）

图 3—3　双杆式活塞缸

由于双杆活塞缸两端的活塞杆的直径通常是相等的，因此它左、右两腔的有效面积也相等，当分别向左、右腔输入相同压力和相同流量的油液时，液压缸左、右两个方向的推力和速度相等。当活塞的直径为 D，活塞杆的直径为 d，液压缸进、出油腔的压力为 p_1 和 p_2，输入流量为 q 时，双杆活塞缸的推力 F 和速度 v 为

$$F = A(p_1 - p_2) = \pi(D^2 - d^2)(p_1 - p_2)/4$$

$$v = \frac{q}{A} = \frac{4q}{\pi(D^2 - d^2)}$$

式中　A——活塞的有效工作面积。

双杆活塞缸在工作时，设计成一个活塞杆是受拉的，而另一个活塞杆不受力，因此这种液压缸的活塞杆可以做得细些。

（2）单杆式活塞缸

如图 3—4 所示，活塞只有一端带活塞杆，单杆液压缸也有缸体固定和活塞杆固定两种形式，但它们的工作台移动范围都是活塞有效行程的两倍。

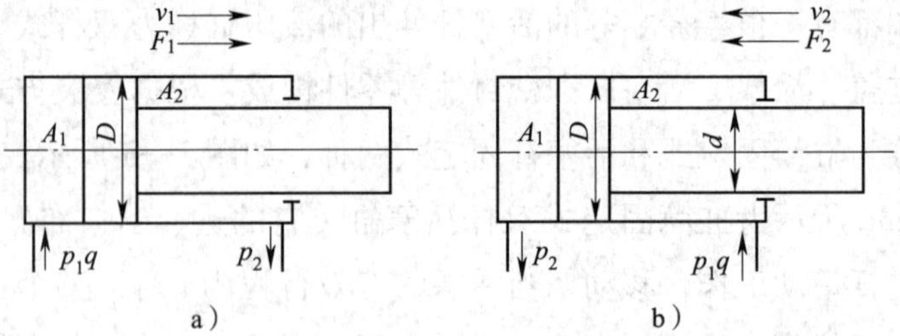

图 3—4　单杆式活塞缸

由于液压缸两腔的有效工作面积不等，因此它在两个方向上的输出推力和速度也不相等。由图 3—4 可知：

$$F_1 = p_1A_1 - p_2A_2$$

$$F_2 = p_1A_2 - p_2A_1$$

若回油压力为零，即 $p_2 = 0$ 时，则有：

$$F_1 = p_1A_1$$

$$v_1 = \frac{q}{A_1} = \frac{4q}{\pi D^2}$$

若回油压力为零，即 $p_2 = 0$ 时，则有：

$$F_2 = p_1A_2 = p_1\pi(D^2 - d^2)/4$$

$$v_2 = \frac{q}{A_2} = \frac{4q}{\pi(D^2 - d^2)}$$

由于 $A_1>A_2$，所以 $F_1>F_2$，$v_1<v_2$。如把两个方向上的输出速度 v_2 和 v_1 的比值称为速度比，记作 λ，则 $\lambda=v_2/v_1=1/\left[1-(d/D)^2\right]$。

单杆活塞缸在其左右两腔都接通高压油时称为差动连接，如图 3—5 所示。差动连接缸左右两腔的油液压力相同，但是由于左腔（无杆腔）的有效面积大于右腔（有杆腔）的有效面积，故活塞向右运动，同时使右腔中排出的油液也进入左腔，加大了流入左腔的流量，从而也加快了活塞移动的速度。

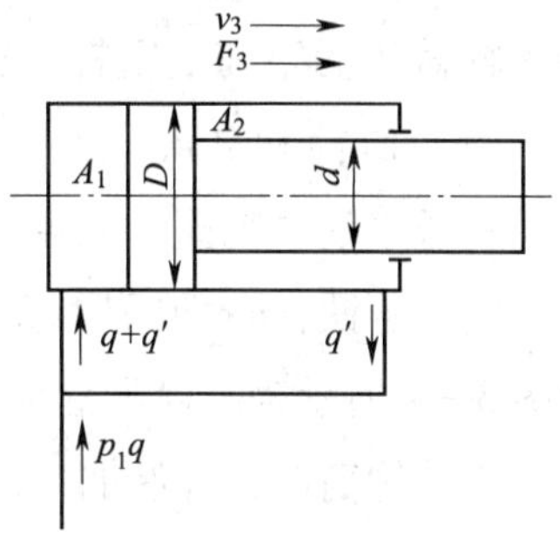

图 3—5　差动缸

单杆活塞缸差动连接时，能使运动部件获得较高的速度和较小的推力。因此，单杆活塞缸常用在需要实现“快进（差动连接）→工进（无杆腔进压力油）→快退（有杆腔进压力油）”工作循环的组合机床等设备的液压系统中。

3. 液压缸的结构

如图 3—6 所示的是一个较常用的双作用单活塞杆液压缸，它由缸底 20、缸筒 10、缸盖兼导向套 9、活塞 11 和活塞杆 18 等组成。缸筒一端与缸底焊接，另一端缸盖（导向套）与缸筒用卡键 6、套 5 和弹簧挡圈 4 固定，以便拆装检修，两端设有油口 A 和 B。活塞 11 与活塞杆 18 利用卡键 15、卡键帽 16 和弹簧挡圈 17 连在一起。活塞与缸孔的密封采用的是一对 Y 形聚氨酯密封圈 12，由于活塞与缸孔有一定间隙，采用由尼龙 1010 制成的耐磨环（又叫支承环）13 定心导向。杆 18 和活塞 11 的内孔由密封圈 14 密封。较长的导向套 9 则可保证活塞杆不偏离中心，导向套外径由 O 形密封圈 7 密封，而其内孔则由 Y 形密封圈 8 和防尘圈 3 分别防止油外漏和灰尘带入缸内。缸与杆端销孔与外界连接，销孔内有尼龙衬套抗磨。

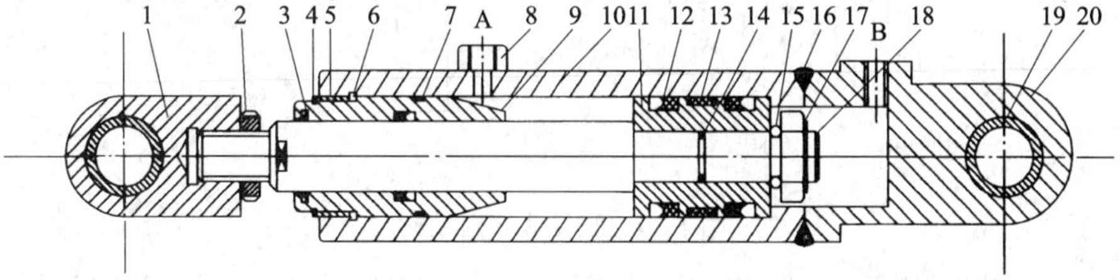

图 3—6　双作用单活塞杆液压缸

1—耳环　2—螺母　3—防尘圈　4、17—弹簧挡圈　5—套　6、15—卡键
7、14—O 形密封圈　8、12—Y 形密封圈　9—缸盖兼导向套　10—缸筒
11—活塞　13—耐磨环　16—卡键帽　18—活塞杆　19—衬套　20—缸底

4．液压缸的组成

从上面所述的液压缸典型结构中可以看到，液压缸的结构基本上可以分为缸筒和缸盖、活塞和活塞杆、密封装置、缓冲装置和排气装置五个部分。

（1）缸筒和缸盖

一般来说，缸筒和缸盖的结构形式和其使用的材料有关。工作压力 $p<10$ MPa 时，使用铸铁；$p<20$ MPa 时，使用无缝钢管；$p>20$ MPa 时，使用铸钢或锻钢。如图 3—7 所示为缸筒和缸盖的常见结构形式。如图 3—7a 所示为法兰连接式，这种形式结构简单，容易加工，也容易装拆，但外形尺寸和重量都较大，常用在铸铁制的缸筒上。如图 3—7b 所示为半环连接式，它的缸筒壁部因开了环形槽而削弱了强度，为此有时要加厚缸壁，它容易加工和装拆，重量较轻，常用在无缝钢管或锻钢制的缸筒上。如图 3—7c 所示为螺纹连接式，它的缸筒端部结构复杂，外径加工时要求保证内外径同心，装拆要使用专用工具，它的外形尺寸和重量都较小，常用在无缝钢管或铸钢制的缸筒上。如图 3—7d 所示为拉杆连接式，结构的通用性大，容易加工和装拆，但外形尺寸较大，且较重。如图 3—7e 所示为焊接连接式，它结构简单，尺寸小，但缸底处内径不易加工，且可能引起变形。

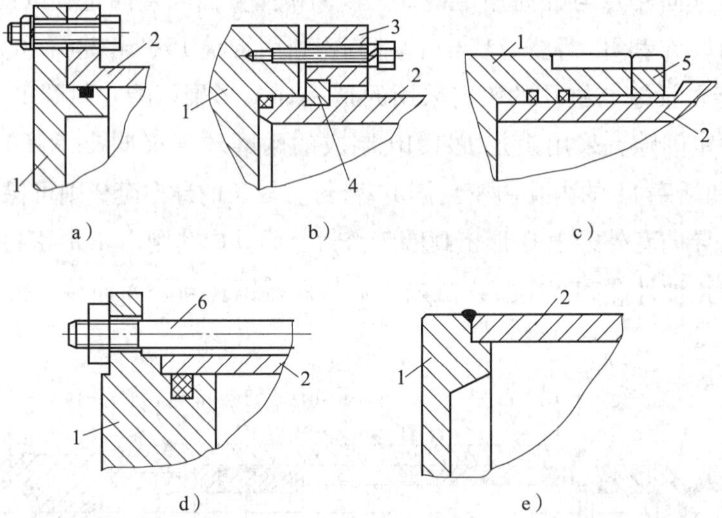

图 3—7　缸筒和缸盖结构

a）法兰连接式　b）半环连接式　c）螺纹连接式　d）拉杆连接式　e）焊接连接式

1—缸盖　2—缸筒　3—压板　4—半环　5—防松螺帽　6—拉杆

（2）活塞与活塞杆

可以把短行程的液压缸的活塞杆与活塞做成一体，这是最简单的形式。但当行程较长时，这种整体式活塞组件的加工较费事，所以常把活塞与活塞杆分开制造，然后再连接成一体。如图 3—8 所示为几种常见的活塞与活塞杆的连接形式。

如图 3—8a 所示为活塞与活塞杆之间采用螺母连接，它适用于负载较小、受力无冲击的液压缸。螺纹连接虽然结构简单，安装方便可靠，但在活塞杆上车螺纹将削弱其强度。如图 3—8b 和 c 所示为卡环式连接方式。如图 3—8b 中活塞杆 5 上开有一个环形槽，槽内装有两个半环 3 以夹紧活塞 4，半环 3 由轴套 2 套住，而轴套 2 的轴向位置用弹簧卡圈 1 来固定。图 3—8c 中的活塞杆，使用了两个半环 4，它们分别由两个密封圈座 2 套住，半圆形的活塞 3 安放在密封圈座的中间。如图 3—8d 所示是一种径向销式连接结构，用锥销 1 把活塞 2 固连在活塞杆 3 上，这种连接方式特别适用于双杆式活塞。

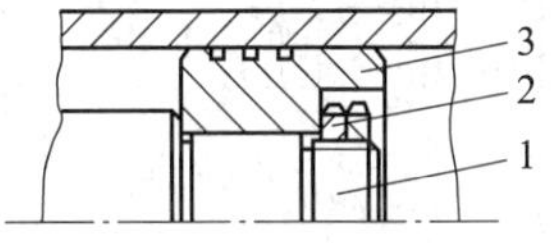

a）

1—活塞　2—螺母　3—活塞杆

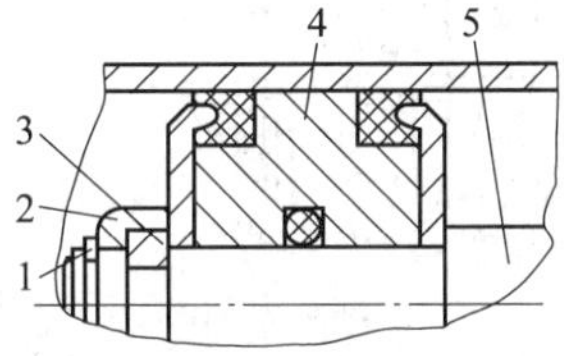

b）

1—弹簧卡圈　2—轴套　3—半环　4—活塞　5—活塞杆

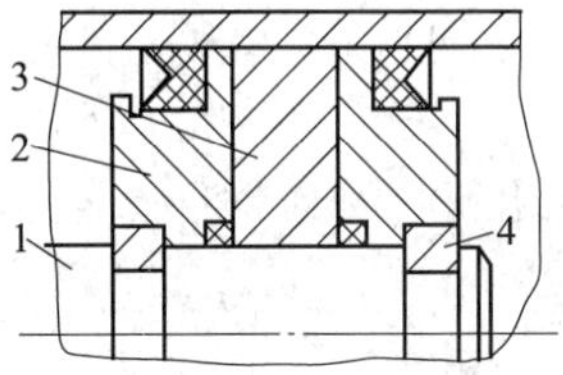

c）

1—活塞杆　2—密封圈座　3—活塞　4—半环

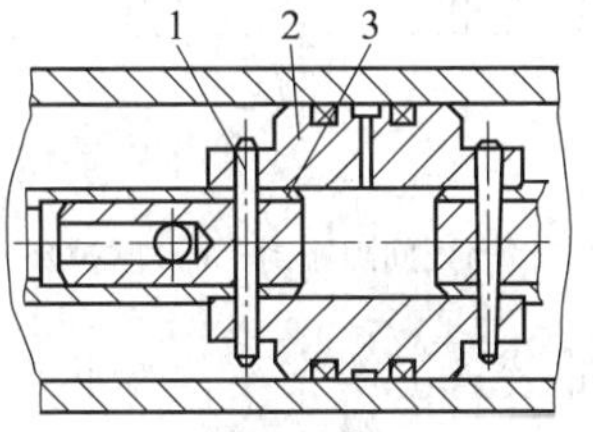

d）

1—锥销　2—活塞　3—活塞杆

图 3—8　常见的活塞组件结构形式

a）螺母连接　b）、c）卡环式连接　d）径向销式连接

（3）密封装置

液压缸中常见的密封装置如图 3—9 所示。如图 3—9a 所示为间隙密封，它依靠运动间的微小间隙来防止泄漏。为了提高这种装置的密封能力，常在活塞的表面上制出几条细小的环形槽，以增大油液通过间隙时的阻力。它的结构简单，摩擦阻力小，可耐高温，但泄漏大，加工要求高，磨损后无法恢复原有能力，只有在尺寸较小、压力较低、相对运动速度较高的缸筒和活塞间使用。如图 3—9b 所示为摩擦环密封，它依靠套在活塞上的摩擦环（由尼龙或其他高分子材料制成）在 O 形密封圈弹力作用下贴紧缸壁而防止泄漏。这种材料效果较好，摩擦

阻力较小且稳定，可耐高温，磨损后有自动补偿能力，但加工要求高，装拆较不便，适用于缸筒和活塞之间的密封。如图 3—9c、d 所示为密封圈（O 形圈、V 形圈等）密封，它利用橡胶或塑料的弹性使各种截面的环形圈贴紧在静、动配合面之间来防止泄漏。它结构简单，制造方便，磨损后有自动补偿能力，性能可靠，在缸筒和活塞之间、缸盖和活塞杆之间、活塞和活塞杆之间、缸筒和缸盖之间都能使用。

对于活塞杆外伸部分来说，由于它很容易把脏物带入液压缸，使油液受污染，使密封件磨损，因此常需在活塞杆密封处增添防尘圈，并放在向着活塞杆外伸的一端。

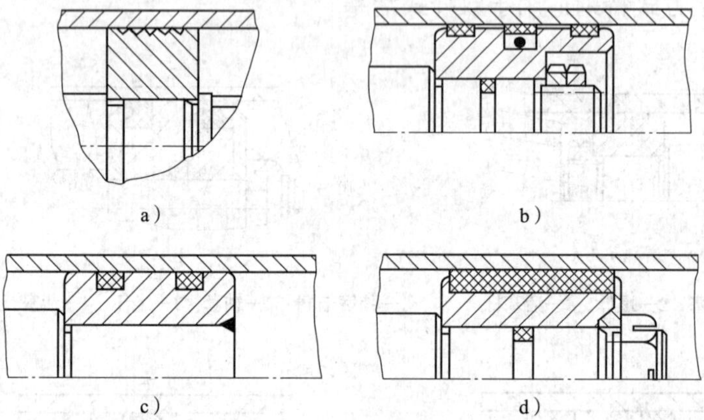

图 3—9　密封装置

a）间隙密封　b）摩擦环密封　c）O 形圈密封　d）V 形圈密封

（4）缓冲装置

液压缸一般都设置缓冲装置，特别是大型、高速或要求高的液压缸，为了防止活塞在行程终点时和缸盖相互撞击，引起噪声、冲击，所以必须设置缓冲装置。

缓冲装置的工作原理是利用活塞或缸筒在其走向行程终端时封住活塞和缸盖之间的部分油液，强迫它从小孔或细缝中挤出，以产生很大的阻力，使工作部件受到制动，逐渐减慢运动速度，达到避免活塞和缸盖相互撞击的目的。

如图 3—10a 所示，当缓冲柱塞进入与其相配的缸盖上的内孔时，孔中的液压油只能通过间隙 δ 排出，使活塞速度降低。由于配合间隙不变，故随着活塞运动速度的降低，起缓冲作用。当缓冲柱塞进入配合孔之后，油腔中的油只能经节流阀 1 排出，如图 3—10b 所示。由于节流阀 1 是可调的，因此缓冲作用也可调节，但仍不能解决速度降低后缓冲作用减弱的缺点。如图 3—10c 所示，在缓冲柱塞上开有三角槽，随着柱塞逐渐进入配合孔中，其节流面积越来越小，解决了在行程最后阶段缓冲作用过弱的问题。

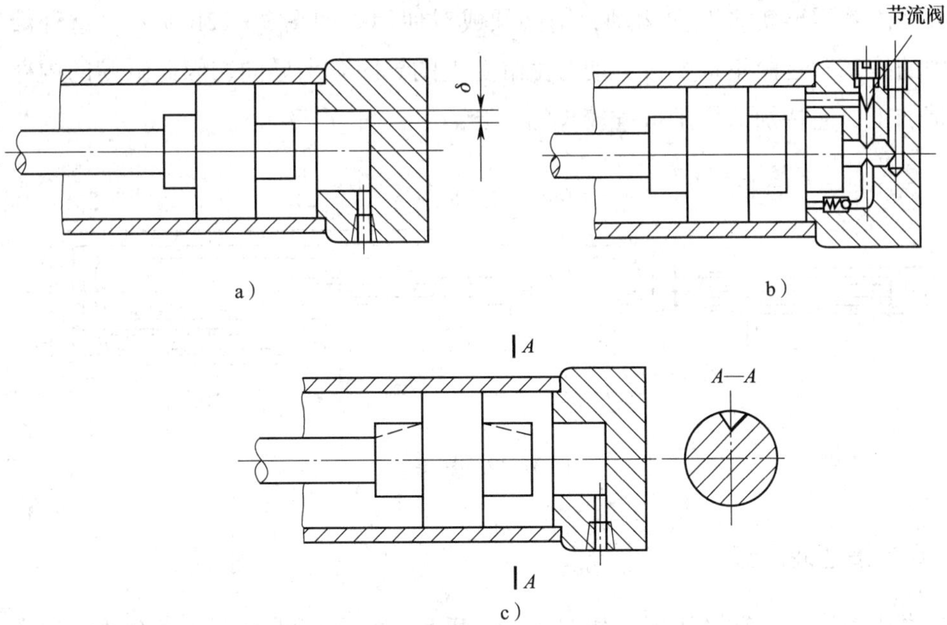

图 3—10　液压缸的缓冲装置

（5）放气装置

液压缸在安装过程中或长时间停放重新工作时，液压缸里和管道系统中会渗入空气，为了防止执行元件出现爬行、噪声和发热等不正常现象，需把缸中和管道系统中的空气排出。一般可在液压缸的最高处设置进出油口把空气带走，也可在最高处设置放气孔（图 3—11a）或专门的放气阀（图 3—11b、c）。

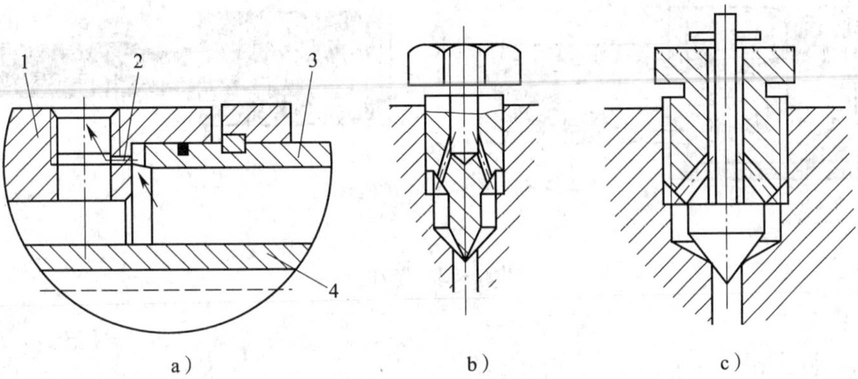

图 3—11　放气装置

1—缸盖　2—放气小孔　3—缸体　4—活塞杆

5. 柱塞缸

如图 3—12a 所示为柱塞缸，它只能实现一个方向的液压传动，反向运动要靠外力。若需要实现双向运动，则必须成对使用。如图 3—12b 所示，这种液压缸中的柱塞和缸筒不接触，运动时由缸盖上的导向套来导向，因此缸筒的内壁不需精加工，它特别适用于行程较长的场合。

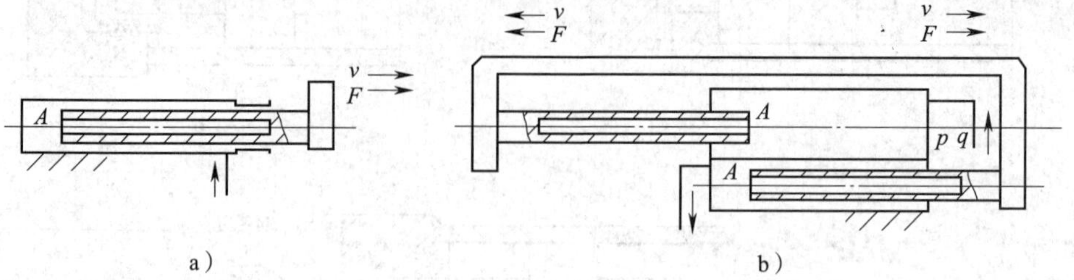

图 3—12　柱塞缸

6．增压液压缸

增压液压缸又称增压器，如图 3—13 所示，它利用活塞和柱塞有效面积的不同使液压系统中的局部区域获得高压。增压缸能将输入的低压油转变为高压油，供液压系统某一支路使用。它由大、小直径分别为 D 和 d 的复合缸筒组成。因为增压缸只能间断地将高压端输出的油通入其他液压缸，获取大的推力，但其本身不能作为执行元件。所以安装时应尽量靠近执行元件，以减少压力损失。增压缸常用在压铸机、造型机等设备的液压系统中。

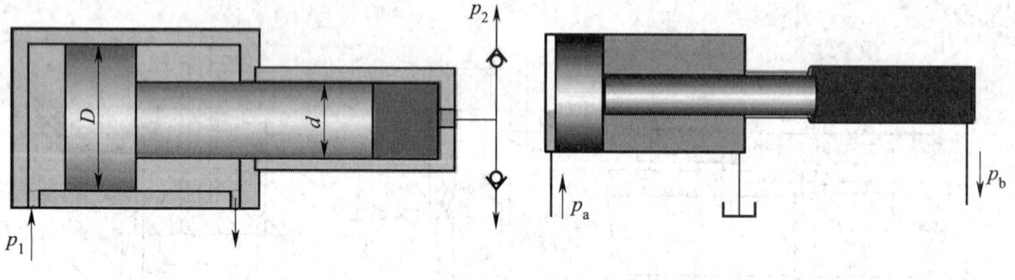

图 3—13　增压缸

7．伸缩缸

伸缩缸由两个或多个活塞缸套装而成，前一级活塞缸的活塞杆内孔是后一级活塞缸的缸筒，伸出时可获得很长的工作行程，缩回时可保持很小的结构尺寸，伸缩缸被广泛用在起重运输车辆上。

伸缩缸可以是如图 3—14a 所示的单作用式，也可以是如图 3—15b 所示的双作用式，前者靠外力回程，后者靠液压回程。

a）　　　　　　　　b）

图 3—14　伸缩缸

8. 摆动缸

摆动缸是一种输出转矩和角速度（或转速），并实现往复摆动的液压执行元件。摆动缸常有单叶片式和双叶片式两种结构形式，如图 3—15 所示。摆动缸由叶片、摆动轴、定子块、缸体组成。单叶片式摆角≤280°，双叶片式摆角≤150°。在两种结构、尺寸及进油压力相同的情况下，双叶片的输出转矩是单叶片的两倍。摆动缸常用在机床的送料装置、间歇进给机构、回转夹具、工业机械人手臂和手腕的回转装置及工程机械回转机构等的液压系统中。

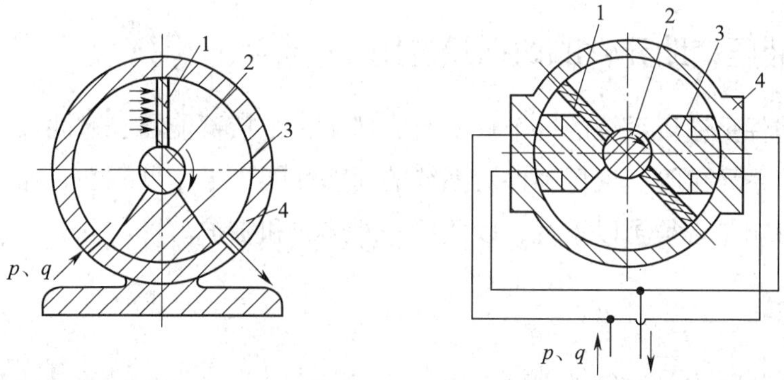

a）　　　　　　　　b）

图 3—15　摆动缸

a）单叶片式摆动液压缸　b）双叶片式摆动液压缸

p—工作压力　q—输入流量

1—叶片　2—摆动轴　3—定子块　4—缸体

9. 液压缸的图形符号

液压缸的图形符号如图 3—16 所示。

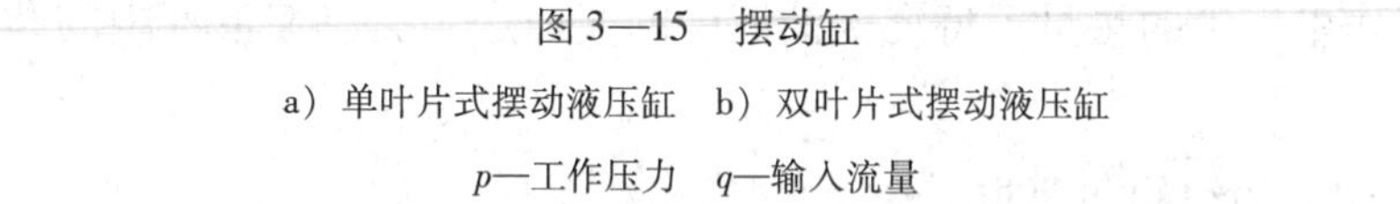

a）　　b）　　c）　　d）

图 3—16　液压缸的图形符号

a）双杆活塞缸　b）单作用式单杆活塞缸　c）双作用式单杆活塞缸　d）摆动缸

二、液压马达的结构和工作原理

液压马达是实现连续回转运动的执行元件，它将液体的压力能转换成机械能。液压马达可分为齿轮式、叶片式和柱塞式三种，这里只介绍常用的齿轮式液压马达的结构和工作原理。

齿轮式液压马达适用于高转速、低转矩的场合，它的结构和工作原理如图 3—17 所示，它与齿轮式液压泵的结构和工作原理基本相同，最大的不同是齿轮式液压马达的两个油口一样大，且内泄漏单独引出油箱。当高压油进入右腔时，由于两个齿轮的受压面积存在差异，因而产生转矩，推动齿轮转动。

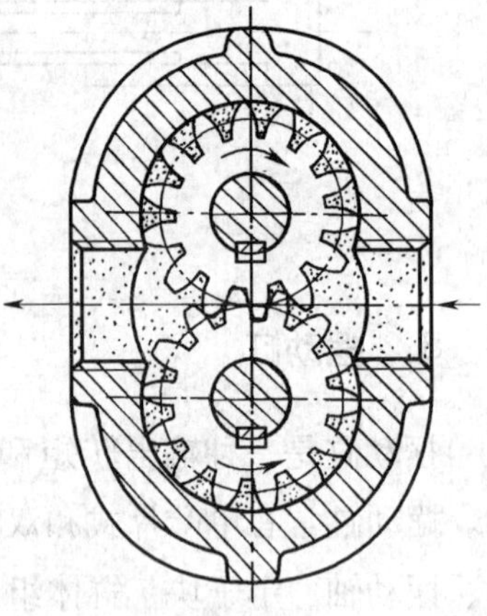

图 3—17　齿轮式液压马达的结构和工作原理

三、液压辅助元件的识别及选用

液压辅件是液压系统的一个重要组成部分，包括蓄能器、过滤器、油箱、热交换器和管系元件等。液压辅件对系统的动态性能、工作可靠性、噪声和温升等都有直接影响，必须予以重视，以便更好地选用和维护。

1．油箱

在液压系统中，油箱的主要作用是储存液压系统工作所需的足够油液，散发系统在工作中产生的热量，将混入油液中的气体逸出，沉淀油液中的杂质和老化后的胶质。

（1）油箱的结构和要求

油箱有总体式和分离式两种，总体式油箱是利用机床床身内的空腔的容积，结构紧凑，各处的漏油易于回收，但增加了机床结构的复杂性，给加工带来了困难，且维修不方便，散热不良，液压泵电动机振动对加工精度产生影响。分离式油箱是与主机分开设置的一个单独箱体，它克服了总体式油箱的缺点，因而得到了广泛的应用，特别是在组合机床、自动生产线上的液压系统大多采用分离式油箱。

如图 3—18 所示，系统的回油经回油管 1 流回油箱，它的出口端在油箱最低液位时也应没入油中。但距箱底的距离应大于管径的 2 ~ 3 倍，回油管的管口截成 45°，且面向与回油管相距最近的箱壁，以利于散热。当系统中的元件内部的泄油要单独连接油箱时，便接在泄油管 2 上，泄油管 2 的出油口必须在油箱最高液位之上，以免产生背压。吸油管3直接连接油泵进油口，它的端部与过滤器相连，在油箱最低油位时，过滤器也应没入油中，以免油泵吸入空气。安装板5是系统的各类阀、油泵、电动机的安装基础，它放置在油箱的顶板上，隔板6是为了将油箱内的吸油区和回油区分开。隔板按图3—18b布置时，可获得最长的流程，同时，油箱应与大气相通，以便液压泵吸油顺利。油箱体一般用厚度为2.5 mm左右的酸洗钢板焊接而成，大型油箱则用角钢焊成框架后再用钢板封住。油箱的形状一般为平行六面体，这种结构表面积最大，便于散热。油箱内壁经表面清洗后，涂以耐油防锈塑料或耐油清漆。

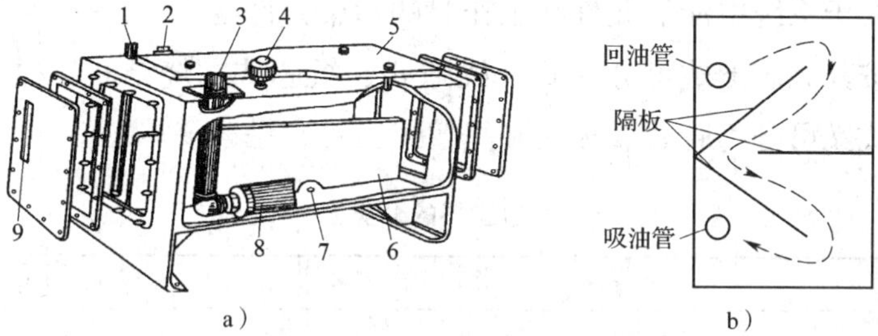

图3—18　油箱结构示意图

a）结构示意图　b）三隔板布置图

1—回油管　2—泄油管　3—吸油管　4—空气过滤器　5—安装板

6—隔板　7—放油口　8—过滤器　9—油位计

（2）油箱常见故障及排除方法

油箱常见故障及排除方法见表3—1。

表3—1　　油箱常见故障及排除方法

故障现象	故障原因	排除方法
油箱温升高	（1）油箱离热源近，环境温度高 （2）系统设计不合理，压力损失大 （3）油箱散热面积不足 （4）油液黏度选择不当（过高或过低）	（1）避开热源 （2）正确设计系统，减小压力损失 （3）加大油箱散热面积或强制冷却 （4）正确选择油液黏度
油箱内油液污染	（1）油箱内有油漆剥落片、焊渣等 （2）防尘措施差，杂质及粉尘进入油箱 （3）水与油混合（冷却器破损）	（1）采取合理的油箱内表面处理工艺 （2）采取防尘措施 （3）检查漏水部位并排除
油箱内油液空气难以分离	油箱设计不合理	油箱内设置消泡隔板将吸油和回油隔开（或加金属斜网）
油箱振动、有噪声	（1）电动机与泵同轴度差 （2）液压泵吸油阻力大 （3）油液温度偏高 （4）油箱刚度太低	（1）控制电动机与泵同轴度 （2）控制油液黏度，加大吸油管 （3）控制油温，减少空气分离量 （4）提高油箱刚度

2. 过滤器

(1) 过滤器的功用和类型

液压系统中使用的油液难免要混入一些杂质、污物，使油液不同程度地被污染。杂质和污物的存在，不仅会加速液压元件的磨损，擦伤密封件，而且会堵塞节流孔、卡住阀类元件，使元件动作失灵以至损坏。为了保证系统正常工作，提高其使用寿命，必须对油液中杂质和污物颗粒的大小及数量加以控制。过滤器的主要作用是清除油液中原有的污物及新生的污垢磨损颗粒，保证液体的污染度或者颗粒浓度低于系统中液压元件在工作时的污染允许度。

过滤器按其滤芯形式可分网式、线隙式、纸芯式、烧结式、磁性式等多种，按其连接方式又可分为管式、板式和法兰式三种，见表3—2。

表3—2　　过滤器的分类

种类	结构	特点及应用
网式	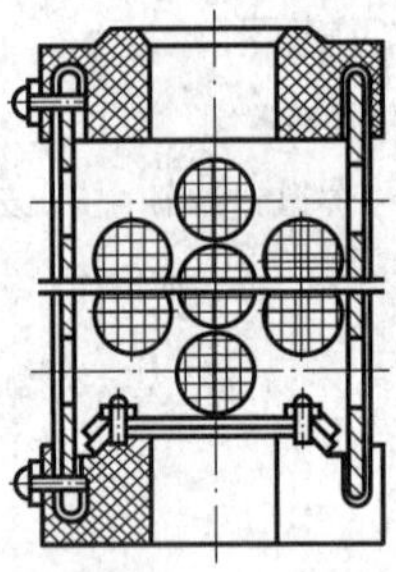	结构简单，通油能力大，清洗方便；但过滤精度低。主要用在泵的吸油管路上，以保护液压泵
线隙式	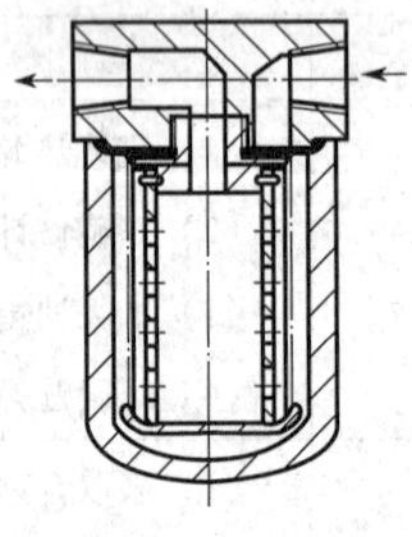	结构简单，通流性能好，过滤精度较高；但不易清洗。应用较普遍
纸芯式	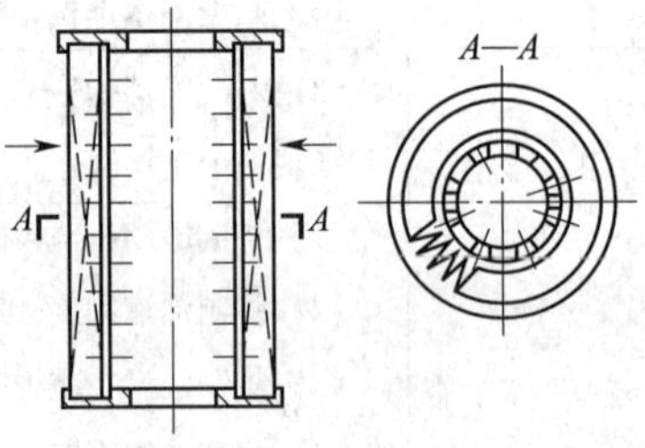	过滤精度高；但易堵塞，不易清洗，要常更换纸芯。一般用于需要精过滤的场合

续表

种类	结构	特点及应用
金属烧结式	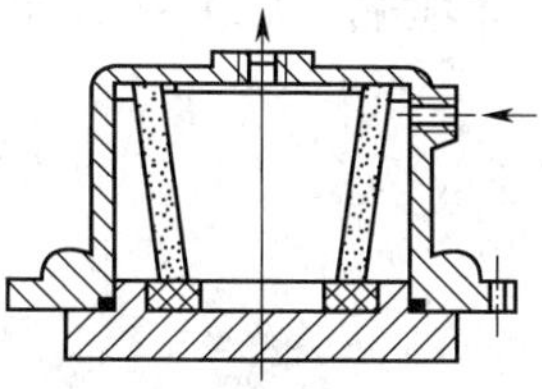	滤芯可制成杯状、管状、板状等不同形状，且强度大、过滤精度高、抗腐蚀；但滤芯颗粒易脱落，影响过滤精度，堵塞后很难清洗。适用于精过滤

（2）过滤器的安装

过滤器的安装是根据系统的需要而确定的，一般可安装在如图 3—19 所示的各种位置上。

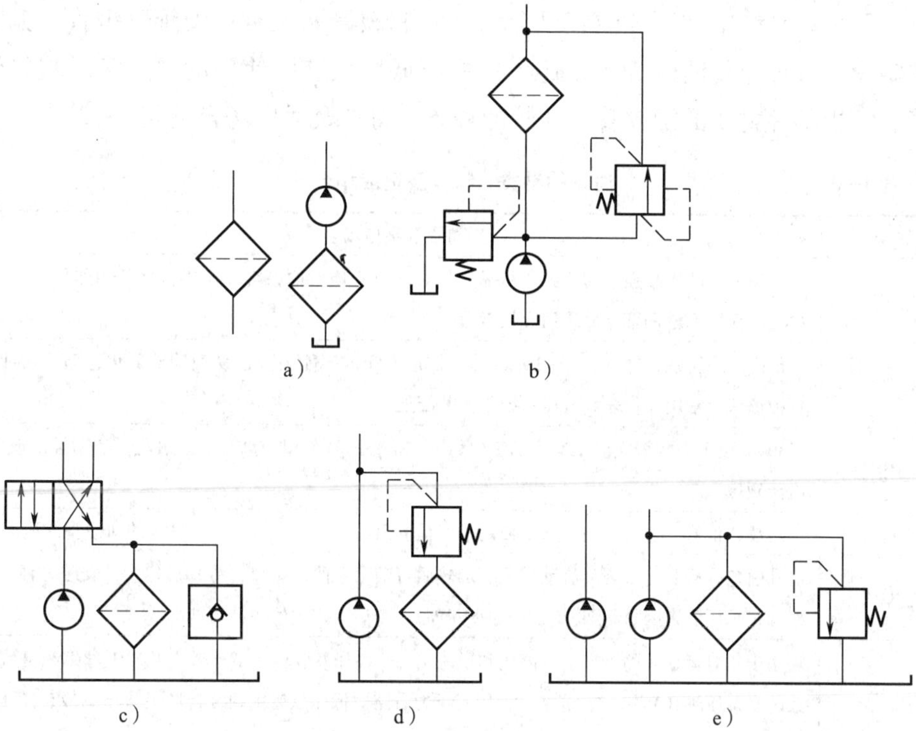

图 3—19　过滤器的安装位置

过滤器的其他性能主要指滤芯强度、滤芯寿命、滤芯耐腐蚀性等定性指标。不同过滤器的这些性能会有较大的差异，可以通过比较确定各自的优劣。

3．油管与管接头

油管（图 3—20）和管接头（图 3—21）在液压系统中承担着连接油泵、工作元件、控制阀等液压元件的作用，使它们形成一个完整的液压系统。通过合理选择油管内径，使油液在其中作层流流动，以减小油液流动中的压力损失。油管和管接头应有足够的强度，良好的密封性，无泄漏，压力损失小，装拆方便。

图 3—20 油管

图 3—21 管接头

（1）油管

液压传动系统中常用的油管可分为硬管和软管两大类。硬管以钢管、铜管、不锈钢管等各种金属油管为主，还包括中、低压系统中使用的尼龙管、塑料管；软管通常指各种材质的橡胶管。油管的种类、特点及适应场合见表 3—3。

表 3—3　油管的种类、特点及适应场合

种类	特点和适应场合
钢管	耐油、耐高压、强度高、工作可靠，但装配时不便弯曲，常在装拆方便处用作压力管道。中压以上用无缝钢管，低压用焊接钢管
紫铜管	价高，承压能力低（6.5 ~10 MPa），抗冲击和抗振能力差，易使油液氧化，但易弯曲成各种形状。常用在仪表和液压系统不便装配处
不锈钢管	800℃以下的频繁交变工况下仍工作稳定，价格昂贵。用于高温、抗氧化、耐腐蚀的航空、航天领域
塑料管	耐油、价低、装配方便，长期使用易老化。只适用于压力低于 0.5 MPa 的回油管或泄油管
尼龙管	乳白色，透明，可观察流动情况。加热后可随意弯曲、扩口，冷却后定形；安装方便，价格低；承压能力因材料而异（2.5 ~8 MPa）。今后有扩大使用的可能
橡胶管	用于相对运动间的连接，分高压和低压两种。高压软管由耐油橡胶夹几层钢丝编织网（层数越多耐压越高）制成，价格高，用于压力管路。低压软管由耐油橡胶夹帆布制成，用于回油管路

（2）管接头

管接头是油管与油管、油管与液压元件间的可拆卸的连接件。液压系统中油液的泄漏多发生在管路的接头处。在强度足够的条件下，管接头必须能在振动、压力冲击下保持管路的密封性，在高压处不能向外泄漏，在有负压的吸油管路上不允许空气向内渗入。常用管接头的种类、结构及特点见表 3—4。

表 3—4　　管接头的种类、结构及特点

名称	结构简图	特点和说明
焊接式管接头	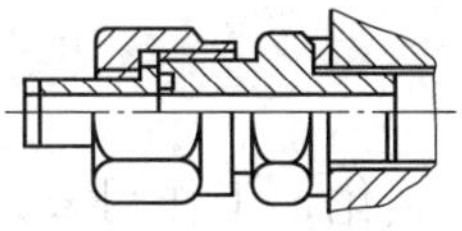	（1）连接牢固，利用球面进行密封，简单可靠 （2）焊接工艺必须保证质量，必须采用厚壁钢管，装拆不便
卡套式管接头	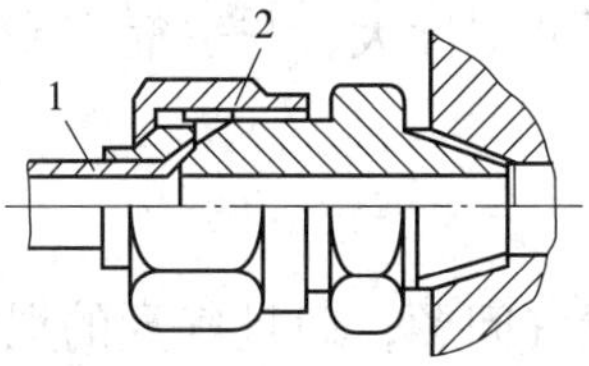 1—油套　2—卡套	（1）用卡套卡住油管进行密封，轴向尺寸要求不高，装拆方便 （2）对油管径向尺寸精度要求较高，为此要采用冷拔无缝钢管
扩口式管接头	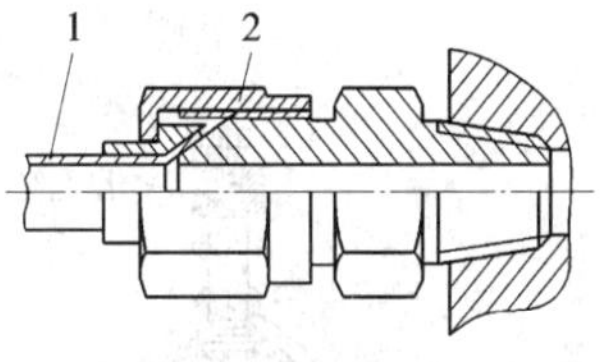 1—油套　2—管套	（1）用油管管端的扩口在管套的压紧下进行密封，结构简单 （2）适用于钢管、薄壁钢管、尼龙管和塑料管等低压管道的连接
扣压式管接头	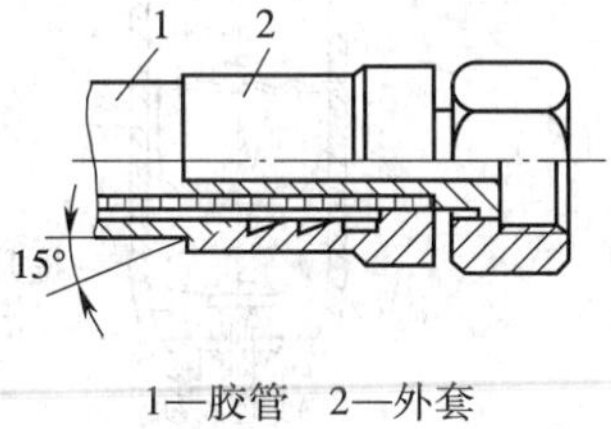 1—胶管　2—外套	（1）用来连接橡胶软管 （2）需用专门模具在压力机上对外套进行挤压收缩 （3）随管径不同，可适用于工作压力 6 ~ 40 MPa 的系统

4．蓄能器

蓄能器是液压系统中的储能元件，它能储存一定量的压力油，并在需要时迅速地或适量地释放出来供系统使用。

（1）蓄能器的作用

1）短期大量供油。

2）应急能源。

3）维持系统压力。

4）吸收冲击压力或液压泵的脉冲压力。

（2）常用蓄能器的种类

1）气瓶式蓄能器（图 3—22a）。

优点：结构简单，容量大，惯性小，反应灵敏，没有摩擦损失。

缺点：气体容易混入油中，使气体的可压缩性增加，从而影响系统的平稳性，气体消耗量大。

2）活塞式蓄能器（图 3—22b）。

优点：结构简单，气、油隔离，油液不易氧化，工作可靠，安装维护方便，寿命长。

缺点：缸筒和活塞制造精度高，而且活塞惯性大，与缸筒有摩擦。故反应不灵敏，容量小。

3）气囊式蓄能器（图 3—22c）。

优点：气体与油液完全隔离，不存在漏气问题，而且气囊的惯性小。因此反应灵敏，容易维护，重量轻，尺寸小，工作可靠，安装容易。

缺点：气囊与壳体制造困难。

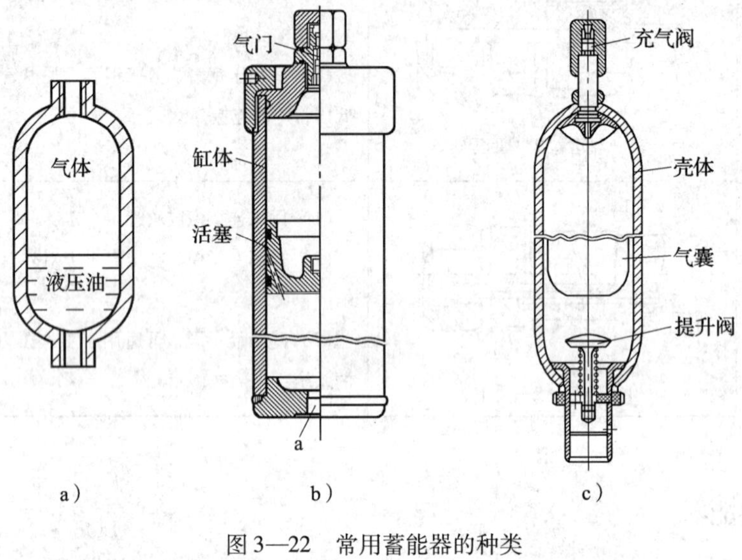

图 3—22　常用蓄能器的种类

a）气瓶式蓄能器　b）活塞式蓄能器　c）气囊式蓄能器

（3）蓄能器的安装及使用

1）蓄能器是压力容器，搬运和装拆时应先将充气阀打开，排出充入的气体，以免因振动或碰撞而发生意外事故。

2）蓄能器应将油口向下竖直安装，且应有牢固的固定装置。

3）液压泵与蓄能器之间应设置单向阀，以防止停泵时，蓄能器的压力油向泵倒流。蓄能器与液压系统连接处应设置截止阀，供充气、调整或维修时使用。

4）用于吸收液压冲击和脉动的蓄能器，应尽可能地安装在冲击源或脉动源附近，并便于检修。

5）蓄能器的充气压力应在系统最低工作压力的90%和系统最高工作压力的25%之间选取。蓄能器的容量，则应根据其用途不同而用不同的方法确定，必要时可参阅液压设计手册通过计算确定。

任务实施

一、拆卸双作用单杆活塞式液压缸

如图3—23所示为双作用单杆活塞式液压缸的外观和立体分解图。

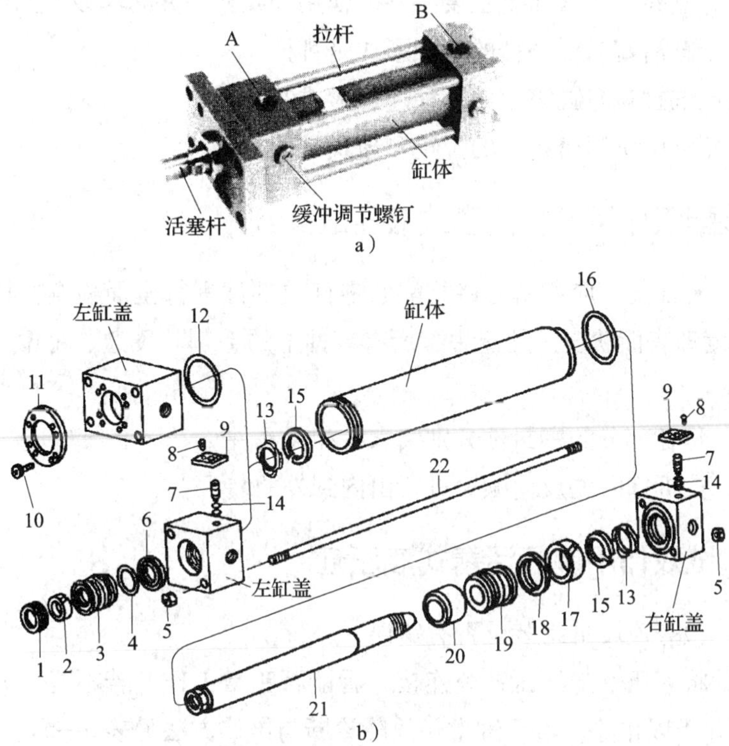

图3—23 双作用单杆活塞式液压缸

a）外观 b）立体分解图

1—防尘密封 2—磨损补偿环 3—导向套 4、6、12、14、16—密封圈 5、8—螺母 7—缓冲节流阀 9—支撑板 10—螺钉 11—法兰盖 13—减振垫 15—卡簧 17—活塞补偿环 18—活塞密封 19—活塞 20—缓冲套 21—活塞杆 22—双头螺杆步骤1，准备好内六角扳手一套、耐油橡胶板一块、油盘一个及钳工工具一套。

步骤2，卸下双头螺杆22两个螺母5。

步骤3，卸下右端盖。

步骤4，卸下左端盖上的螺钉10，取下法兰盖11。

步骤5，依次卸下防尘密封1、磨损补偿环2、导向套3、密封圈4和密封圈6。

步骤6，卸下左端盖。

步骤7，卸下左、右端盖上螺母8，取下支撑板9、缓冲节流阀7、密封圈14。

步骤8，卸下密封圈12、减振垫13。

步骤9，卸下活塞和活塞杆组件

步骤10，卸下卡簧15，取下活塞补偿环17、活塞密封18、活塞19、缓冲套20和密封圈16。

步骤11，观察分析液压缸主要零件的作用和结构，并思考以下问题：

（1）液压缸活塞与活塞杆的连接形式是哪种？

（2）液压缸缸盖与缸筒采用哪种连接形式？

（3）液压缸中所用密封圈的位置和形式是什么？

二、装配双作用单杆活塞式液压缸

步骤1，装配前，应将所有待装配的零件或部件进行全面检查，特别是运动副的配合精度和表面状况。注意去除所有零件上的毛刺、飞边、污垢，要彻底清洗干净。

步骤2，将各部分的密封件分别装入各相关元件。

步骤3，按拆卸时的反向顺序进行由内到外的装配。

三、调试双作用单杆活塞式液压缸

步骤1，检查液压缸组装是否有错误。

步骤2，将液压缸与液压系统连接，看能否正常工作。若不能，分析产生故障的原因，并予以排除。液压缸常见故障诊断与维修方法见表3—5。

表3—5　　液压缸常见故障诊断与维修方法

序号	故障现象	故障原因	维修方法
1	液压缸不动作	（1）系统压力油未进入液压缸 （2）系统压力上不去 （3）安装连接不良	（1）疏通油路 （2）综合分析，排除故障 （3）重新正确安装液压缸

续表

序号	故障现象	故障原因	维修方法
2	液压缸能运动，但速度达不到规定值	（1）液压泵的供油不足，压力不够 （2）系统漏油量过大 （3）液压缸工作腔与回油腔窜腔 （4）液压缸或活塞过度磨损	（1）排除液压泵故障 （2）参考相关项目，排除故障 （3）更换密封圈 （4）修磨或更换活塞
3	液压缸爬行	（1）液压缸内进入了空气 （2）液压缸内因异物和水分进入，产生局部拉伤和烧结现象 （3）液压缸安装不良，其中心线与导向套的导轨不平行 （4）运动密封件装配过紧 （5）活塞杆与活塞不同轴 （6）导向套与缸筒不同轴 （7）活塞杆弯曲 （8）缸筒内径圆柱度超差 （9）活塞杆两端螺母拧得过紧 （10）液压缸运动件之间间隙过大	（1）排除液压缸内空气 （2）修磨液压缸内壁 （3）重新安装液压缸 （4）调整密封圈 （5）校正、修整或更换活塞杆 （6）校正、修整导向套 （7）校直活塞杆 （8）镗磨缸筒，重配活塞 （9）松至合理程度 （10）减小配合间隙
4	不正常声响和抖动	（1）液压缸内进入了空气 （2）滑动面配合太紧或拉毛 （3）缸壁胀大，活塞密封损坏，压油腔的压力油通过缝隙高速泄回油腔，会发出“嗞嗞”不正常声响	（1）排除液压缸内空气 （2）修磨滑动面 （3）更换活塞密封圈
5	冲击	（1）缓冲间隙过大 （2）缓冲装置中的单向阀失灵	（1）减小缓冲间隙 （2）更换单向阀
6	液压缸泄漏	（1）液压缸密封不良 （2）连接处接合不良 （3）零件变形或破损	（1）重装或更换密封圈 （2）修磨连接处接合面 （3）校正或更换零件

液压马达的拆装与调试

如图 3—24 所示为齿轮式液压马达外观和立体分解图。

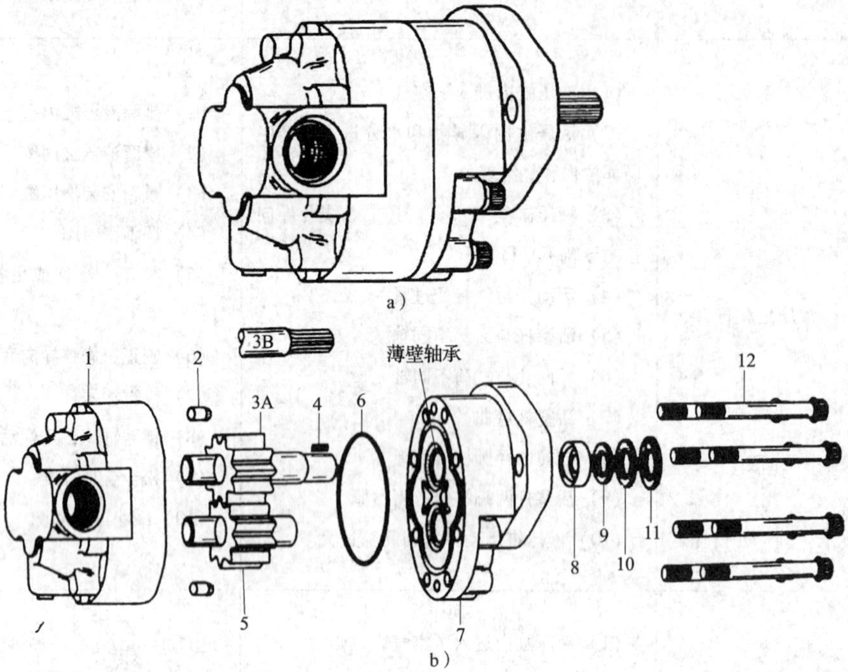

图 3—24　齿轮式液压马达

a）外观　b）立体分解图

1—壳体　2—定位销　3—输出齿轮轴　4—键　5—从动齿轮轴　6—挡圈　7—泵盖　8—轴封　9、10—垫　11—卡簧　12—螺钉

1．任务要求

（1）按步骤正确拆卸液压马达，观察其主要零件的作用和结构。

（2）按拆卸时的反向顺序装配液压马达。

（3）连接液压系统并调试，看能否正常工作。若不能正常工作，需进行故障排除。

2．实践步骤

（1）拆开齿轮式液压马达

1）准备好内六角扳手一套、耐油橡胶板一块、油盘一个及钳工工具一套。

2）卸下4个螺钉12。

3）卸下壳体1。

4）卸下键4、卡簧11、垫10、垫9、轴封8。

5）卸下定位销2。

6）卸下输出齿轮轴3、从动齿轮轴5。

7）观察主要零件的作用和结构。

（2）按拆卸的反向顺序装配液压马达

装配前清洗各零部件，将轴与泵盖之间、齿轮与泵体之间的配合表面涂润滑液，并注意各处密封的装配。

（3）调试液压马达

检查液压马达组装没有错误时，连接液压系统，看能否正常工作。若不能，分析产生故障的原因，并予以排除。液压马达常见故障诊断与维修方法见表3—6。

表3—6　　液压马达常见故障诊断与维修方法

序号	故障现象	故障原因	维修方法
1	转速低，输出转矩小	（1）电动机转速低，功率不匹配 （2）过滤器或管路阻塞 （3）液压油黏度不合适 （4）密封不严，有空气进入 （5）油液污染，堵塞了马达通道 （6）液压马达的零件过度磨损 （7）单向阀密封不严，溢流阀失灵	（1）更换电动机 （2）清洗过滤器或疏通管路 （3）更换液压油 （4）紧固密封圈 （5）拆卸、清洗马达，更换液压油 （6）检修或更换零件 （7）修理阀芯或阀座
2	噪声过大	（1）联轴器与马达传动轴不同轴 （2）齿轮式液压马达齿形精度低，接触不良，轴向间隙小，内部个别零件损坏，齿轮内孔与端面不垂直，端盖上两孔不平行，滚针轴承断裂，轴承架损坏 （3）叶片或主配油盘接触的两侧面叶片顶端或定子内表面磨损或刮伤，扭力弹簧变形或损坏	（1）调整或重新安装 （2）更换齿轮，或研磨修整齿形，研磨有关零件，重配轴向间隙，更换损坏的零件 （3）更换叶片或主配油盘
3	泄漏	（1）管接头未拧紧 （2）接合面未拧紧 （3）密封件损坏 （4）相互运动零件间的间隙过大 （5）配流装置发生故障	（1）拧紧管接头 （2）拧紧接合面 （3）更换密封件 （4）调整间隙或更换损坏的零件 （5）检修配流装置

思考与练习

1. 液压缸为何有时需要设置缓冲装置和排气装置?
2. 什么是差动连接?

任务四　方向控制阀及方向控制回路的安装与调试

任务描述

有些机构中需要有运动方向等要求，如液压缸向左时进给、向右时退回。图 4—1 所示为校正压装液压机，校正压装液压机适用于轴类零件、型材的校正和轴类零件的压装，同时也能完成板材零件的弯曲、压印和简单零件的拉伸等工艺动作。本任务要求能读懂校正压装液压机液压系统图，对方向控制阀进行分析，并根据要求完成校正压装液压机液压系统的正常启动及装调。

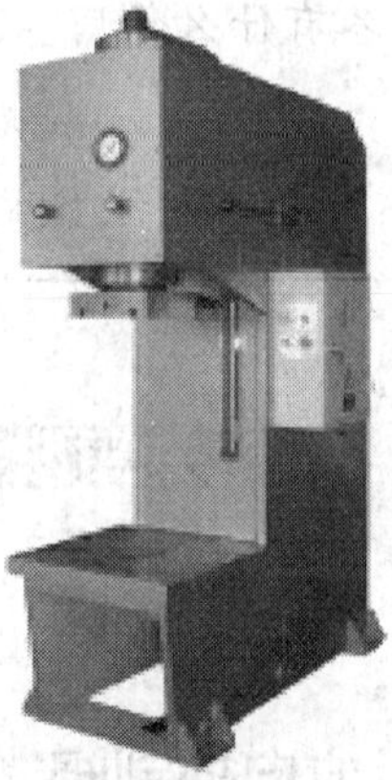

图 4—1　校正压装液压机实物图

任务分析

一、 学习目标

1. 能够查阅资料，叙述液压方向控制阀的特点。

2. 能够分析液压系统所使用的元件及元件在该系统中所起的作用。

3. 组装简单方向控制的液压回路图，并分析其工作情况。

4. 理解校正压装液压机液压系统的工作原理和特点，掌握压装液压机液压系统的装调方法。

二、 工作过程与学习活动

1. 相关知识（方向控制阀与方向控制回路）。

2. 任务实施（校正压装液压机液压回路的装调）。

3. 任务拓展（矿山采掘机械的液压支架锁紧回路的装调）。

建议学时

6 学时。

> 1. 图 4—1 所示校正压装液压机液压系统中有哪些方向控制阀，各有什么作用？
>
> 2. 液压系统中主要有哪些方向控制回路？分别可以实现什么功能？
>
> 3. 校正压装液压机液压系统如何装调？

相关知识

一、 方向控制阀

功用：方向控制阀简称方向阀，用来控制液压系统的油流方向、接通或断开油路，从而实现控制执行机构的启动、停止或改变方向。

分类：单向阀（普通单向阀、液控单向阀）、换向阀。

1. 单向阀

作用：控制油液只能按一个方向流动。

分类：按控制方式不同，单向阀可分为普通单向阀和液控单向阀两类。

（1）普通单向阀

普通单向阀如图4—2所示。普通单向阀的工作原理是：当压力为P_1的油液从阀体1的入口流入时，压力油克服压在钢球或锥阀芯2上的弹簧3的作用力以及阀芯与阀体之间的摩擦力，顶开钢球或阀芯，压力降为P_2，油液从阀体的出口流出。而当油液从相反方向流入时，它和弹簧力一起使钢球或锥阀芯紧紧地压在阀体1的阀座处，截断油路，使油液不能通过。

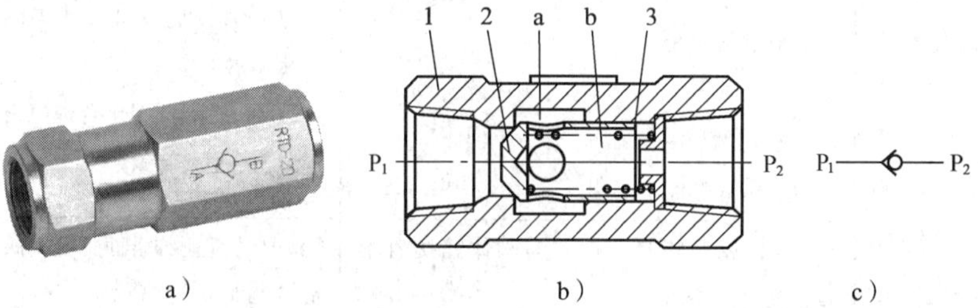

图4—2　单向阀

a）实物　b）结构原理图　c）职能符号

1—阀体　2—锥阀芯　3—弹簧

（2）液控单向阀

液控单向阀如图4—3所示。液控单向阀的工作原理是：它由一普通单向阀和一个微型控制液压缸组成，在液控单向阀的下部有一个控制油口K，当控制油口不通压力油时，该阀的作用与普通单向阀相同，即油液只能从$P_1 \rightarrow P_2$正向通过，反向$P_2 \rightarrow P_1$不通；当控制油口K通入一定压力的压力油时，推动活塞1使锥阀芯3强行右移并顶开，使油口P_1、P_2相互接通。这时油液就可以在两个方向上自由通流。为了减小控制活塞移动的阻力，控制活塞制成台阶状并设有外泄油口L（接油箱）。控制油的压力不应低于油路压力的30%～50%。

（3）普通单向阀常见故障及排除方法

普通单向阀常见故障及排除方法见表4—1。

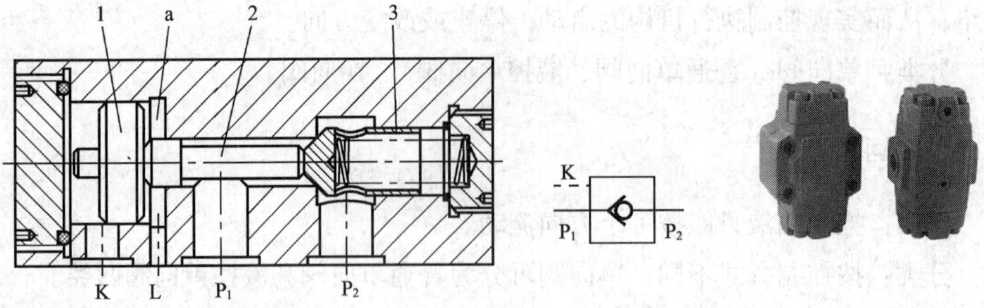

a）　　　　　　　　b）　　　　　　　　c）

图 4—3　液控单向阀

a）结构图　b）图形符号　c）实物图

1—活塞　2—活塞杆　3—锥阀芯

表 4—1　　　　　　**普通单向阀常见故障及排除方法**

现象	故障原因	排除方法
不起单向控制作用（不保压，液体可逆流）	（1）密封不良：阀芯与阀体孔接触不良，阀芯精度低 （2）阀芯卡住：阀芯与阀体配合间隙太小，有污物 （3）弹簧断裂	（1）配研结合面，更换阀芯（钢球或锥阀芯） （2）控制间隙至合理值，清洗 （3）更换弹簧
内泄漏严重	（1）密封不良：阀芯与阀体孔接触不良，阀芯精度低 （2）阀芯与阀体孔不同轴	（1）配研结合面，更换阀芯（钢球或锥阀芯） （2）更换或配研
外泄漏严重	（1）管式单向阀：螺纹连接处 （2）板式单向阀：结合面处	（1）螺纹连接处加密封胶 （2）更换结合面处的密封圈

2. 换向阀

（1）作用

换向阀用于控制进入执行元件油流的通、断及变向，进而实现执行元件的启动、运动、停止和换向。

（2）分类

按阀芯相对阀体运动的方式，换向阀分为转阀式换向阀和滑阀式换向阀；按操作方式，分为手动、机动、磁动、液动、电液动等；按阀芯在阀体内工作位置，分为二位阀、三位阀等；按阀体上主油口数目，分为二通阀、三通阀、四通阀和五通阀。

（3）换向阀的图形符号及含义

换向阀的图形符号如图 4—4 所示。

图 4—4 中，各图形符号的含义如下：

方格数：位数，两格即两位，三格即三位。

交点数：通数，箭尾和不通符号与方格边的交点数。

箭头：两油口相通，但不表示流向。符号“⊥”和“⊤”表示此油口不相通。

P：压力油的进口。

T：回油口。

A 和 B：工作油口。

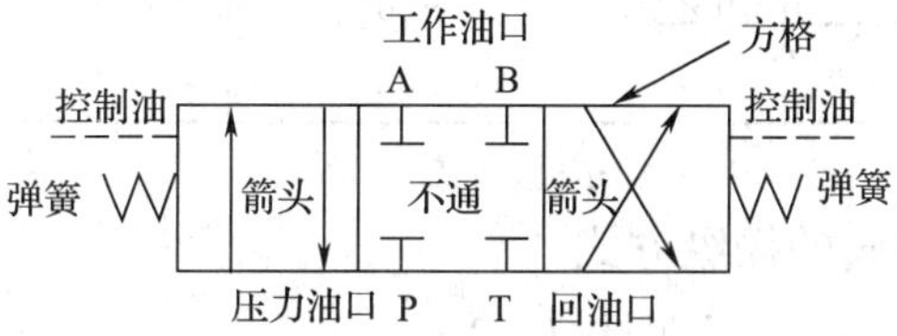

图 4—4　换向阀的图形符号

（4）滑阀式换向阀最常见的结构形式

阀体和阀芯是换向阀的主体结构，表 4—2 所示为换向阀最常见的结构形式。

表 4—2　　**换向阀最常见的结构形式**

<table>
<tr><th>名称</th><th>结构原理图</th><th>图形符号</th><th colspan="3">使用场合</th></tr>
<tr><td>二位
二通阀</td><td>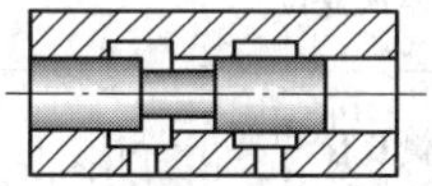</td><td>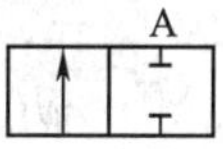</td><td colspan="3">控制油路的接通与切断（相当于一个开关）</td></tr>
<tr><td>二位
三通阀</td><td>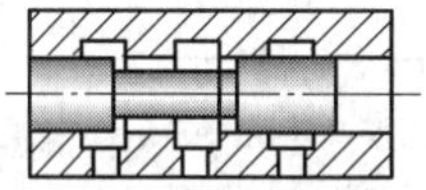</td><td>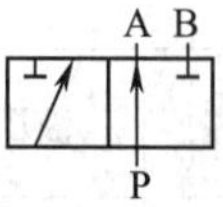</td><td colspan="3">控制液流方向（从一个方向变换成另一个方向）</td></tr>
<tr><td>二位
四通阀</td><td>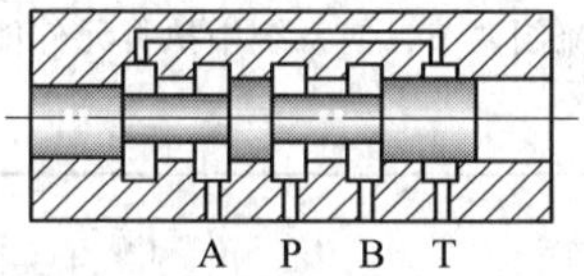</td><td></td><td rowspan="2">控制执行元件换向</td><td>不能使执行元件在任一位置上停止运动</td><td rowspan="2">执行元件正反向运动时回油方式相同</td></tr>
<tr><td>三位
四通阀</td><td>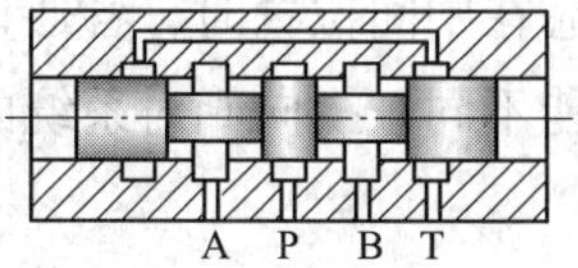</td><td>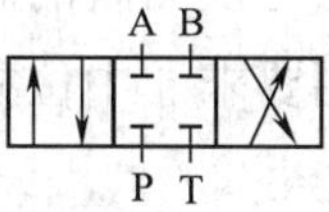</td><td>能使执行元件在任一位置上停止运动</td></tr>
</table>

续表

<table>
<tr><th>名称</th><th>结构原理图</th><th>图形符号</th><th colspan="3">使用场合</th></tr>
<tr><td>二位
五通阀</td><td>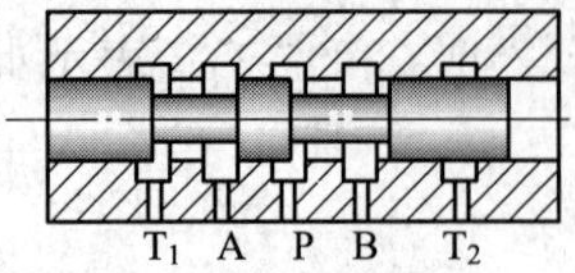</td><td>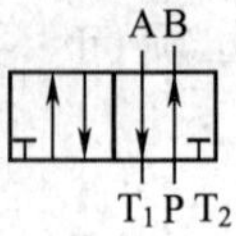</td><td rowspan="2">控制执行元件换向</td><td>不能使执行元件在任一位置上停止运动</td><td rowspan="2">执行元件正反向运动时回油方式不同</td></tr>
<tr><td>三位
五通阀</td><td>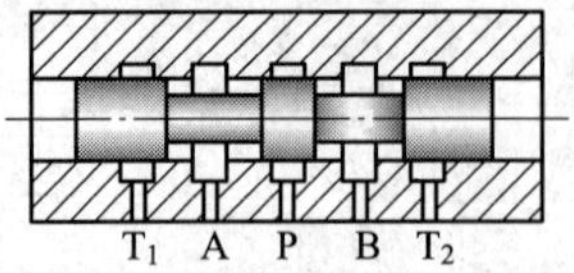</td><td>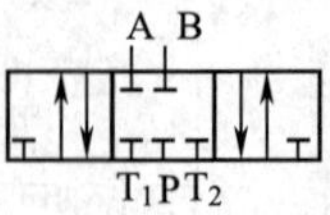</td><td>能使执行元件在任一位置上停止运动</td></tr>
</table>

(5) 滑阀式换向阀的操纵方式

滑阀式换向阀的操纵方式见表 4—3。

表 4—3　　滑阀式换向阀的操纵方式

操纵方式	图形符号	简要说明
手动	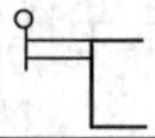	手动操纵，弹簧复位
机控	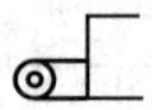	挡块操纵，弹簧复位
电磁动	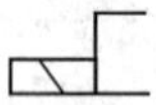	电磁铁操纵，弹簧复位
液动	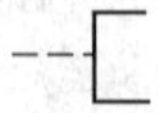	液压控制，弹簧复位
弹簧复位		弹簧复位
液压先导	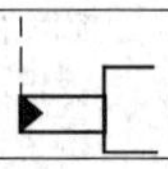	液压先导控制
电磁—液压先导	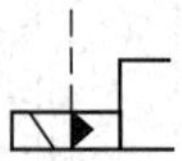	电磁铁先导控制，液压驱动。一般阀芯移动速度可分别由两端的节流阀调节，使系统中执行元件能得到平稳的换向

(6) 三位四通换向阀的中位机能

换向阀的中位机能：三位四通换向阀的阀芯在中间位置时，各通口间有不同的连通方式，可满足不同的使用要求。中位机能不同，换向阀对系统的控制性能也不同。

三位四通换向阀的中位机能见表 4—4。

表 4—4　　　　三位四通换向阀的中位机能

型式	符号	中位油口状况、特点及应用
O 型	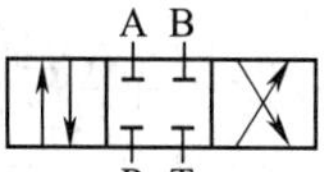	P、A、B、T 四口全封闭；液压泵不卸荷，液压缸闭锁。可用于多个换向阀的并联工作
H 型	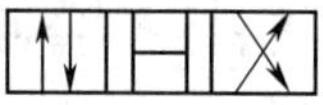	四口全通，活塞处于浮动状态；在外力作用下可移动，泵卸荷
Y 型	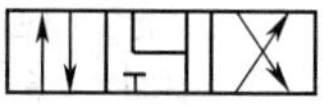	P 口封闭，A、B、T 三口相通；活塞浮动，在外力作用下可移动，泵不卸荷
K 型	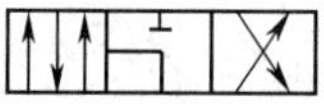	P、A、T 口相通，B 口封闭；活塞处于闭锁状态，泵卸荷
M 型	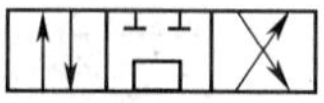	P、T 口相通，A、B 口封闭；活塞闭锁不动，泵卸荷。可用多个 M 型换向阀的并联工作
X 型	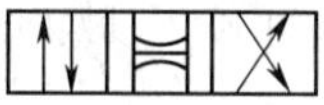	四口处于半开启状态，泵基本上卸荷，仍保持一定压力
P 型	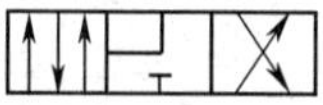	P、A、B 口相通，T 口封闭；泵与缸两腔相通，可组成差动回路
J 型	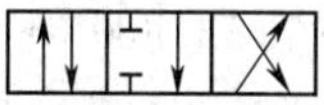	P、A 口封闭，T、B 口相通；活塞停止，但在外力作用下可向一边移动，泵不卸荷
C 型	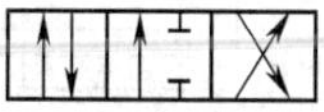	P、A 口相通，B、T 口封闭；活塞处于停止位置
N 型	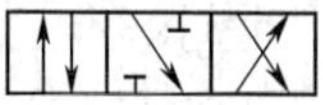	P、B 口封闭，A、T 口相通；与 J 功能相似，只是 A 与 B 互换了，功能也类似
U 型	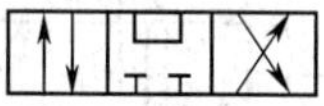	P、T 口封闭，A、B 口相通；活塞浮动，在外力作用下可移动，泵不卸荷

二、方向控制回路

1. 换向回路

采用二位四通（五通）、三位四通（五通）换向阀都可以使执行元件换向。

选用不同操纵方式的换向阀组成换向回路，其换向平稳性和换向精度不同。电磁换向阀动作快，但换向有冲击，且交流电磁换向阀不宜频繁地切换，以免烧坏电线圈。采用电液换向阀，可以通过调节节流阻尼器来控制其液动阀的换向速度，换向冲击小，但也不适宜频繁切换。对换向频繁且对换向性能有一定要求的机械设备，常采用机械换向阀的换向回路，如图 4—5、图 4—6 所示。

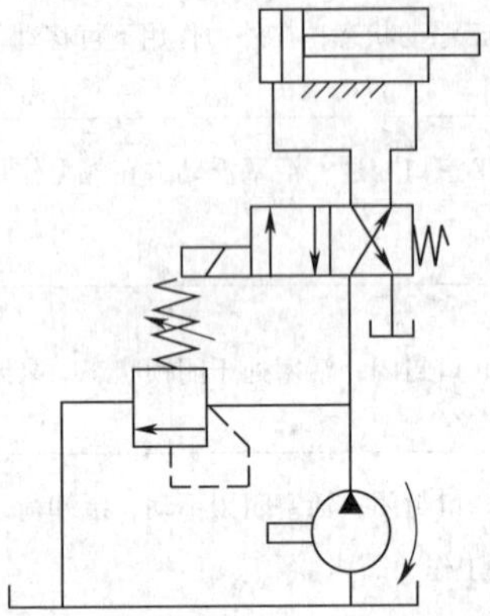

图 4—5　采用二位四通电磁换向阀的换向回路

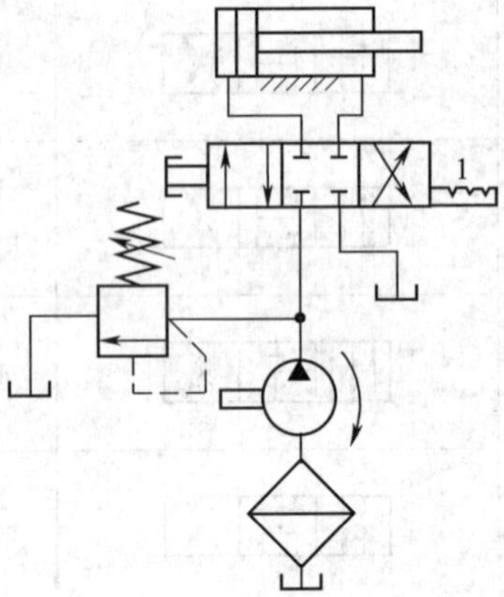

图 4—6　采用三位四通手动换向阀的换向回路

2. 锁紧回路

图 4—7 所示为采用 O 型中位机能的三位四通电磁换向阀的锁紧回路。当换向阀芯处于中位时，液压缸的进、出口都被封闭，可以将液压缸锁紧。

图 4—8 所示为采用液控单向阀的锁紧回路。在液压缸的进、回油路中都串

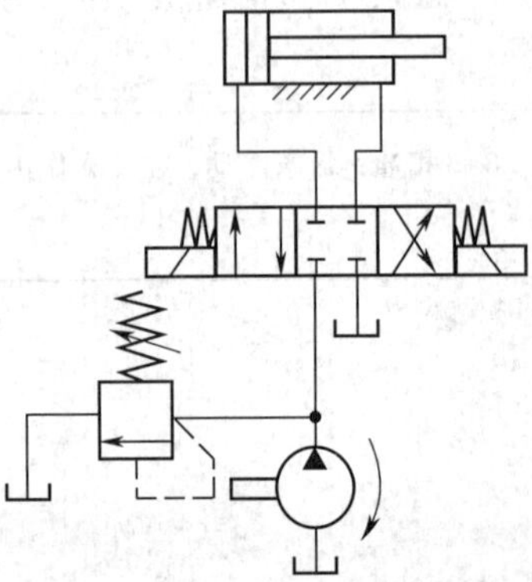

图 4—7　采用 O 型中位机能的电磁换向阀的锁紧回路

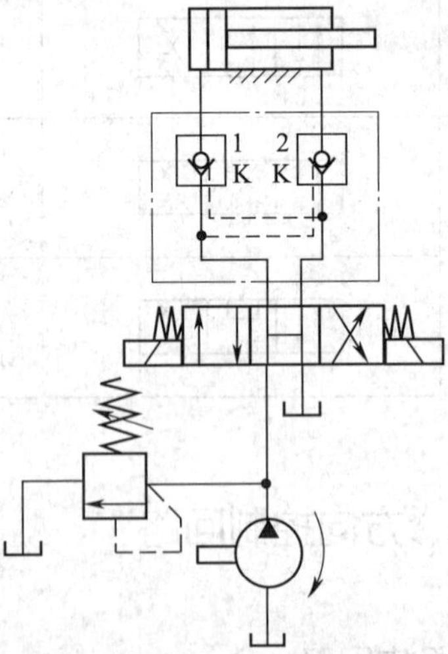

图 4—8　采用液控单向阀的锁紧回路

接有液控单向阀 1、2（又称液压锁），活塞可以在行程的任意位置锁紧，其锁紧精度只受液压缸内少量内泄漏的影响，因此锁紧精度较高。采用液控单向阀的锁紧回路，三位四通换向阀的中位机能应使液腔单向阀的控制油液卸压（换向阀采用 H 型或 Y 型），此时液控单向阀便立即关闭，活塞停止运动。

任务实施

校正压装液压机适用于轴类零件、型材的校正和轴类零件的压装，同时也能完成板材零件的弯曲、压印以及简单零件的拉伸等工艺动作。

一、 校正压装液压机液压回路原理分析

步骤1，实现工进。

在图 4—9 所示的校正压装液压机液压系统图中，当操作手动杠杆使手动换向阀处于左位时，具有压力能的液压油通过管路进入换向阀，然后流入液压缸的上腔，液压缸的活塞杆带动刀具向下运动，完成工艺中的工进工序。

步骤 2，实现快退。

当操作手动杠杆使手动换向阀处于右位时，具有压力能的液压油通过管路进入换向阀，然后流入液压缸的下腔，液压缸的活塞杆带动刀具向上运动，完成工序中的快退。

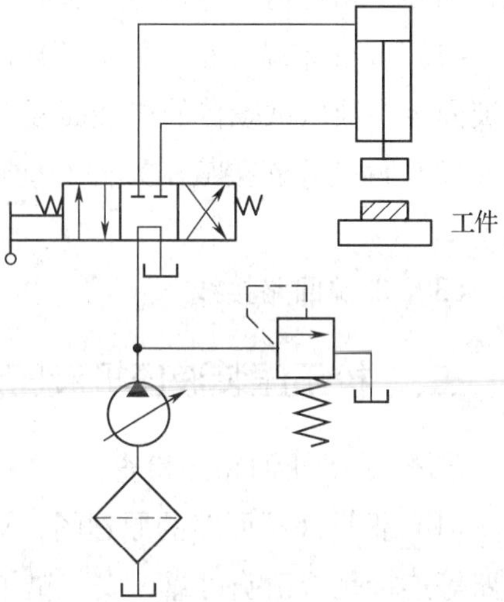

图 4—9 校正压装液压机液压系统图

步骤 3，系统卸荷。

当换向阀处于中位时，流向液压缸的油路被堵死，液压缸不通压力油，刀具停止不动，系统处于卸荷状态。

注意：在液压泵出口处设置溢流阀，正常工作时阀口关闭，不溢流；当系统因为负载升高，压力超过溢流阀调定值时，溢流阀阀口打开，才开始溢流，起限压保护作用。

二、 校正压装液压机液压系统的安装

步骤1，准备工作。

（1）选用的工具有扳手、六角扳手。

（2）学习相关资料、液压系统原理图、工作手册。

（3）元件的选择。

1）动力元件的选择。校正压装液压机需要的工作压力一般在2.5 MPa以下，所以选用齿轮泵为动力元件。

2）执行元件的选择。校正压装液压机液压系统需要双向液压驱动，所以选择单活塞杆双作用液压缸。

3）控制元件的选择。选择三位四通换向阀、溢流阀为控制元件，以满足校正压装液压机的工作要求。

步骤2，校正压装液压机液压系统的连接。

安装装配时，装入主机的液压件和辅件须经严格清洗，去除有害于工作液的防锈剂和一切污物，防止污物从油口进入元件内部。

（1）元件布局。首先根据原理图进行布局设计，然后将液压元件按布局位置安装固定在液压试验台的安装面板上。

（2）用油管连接液压元件，接通油路前必须确认内、外接头体完全卡入扣紧。

（3）电源回路接线。

三、 校正压装液压机液压系统的调试

步骤1，液压回路的检查。

（1）根据液压回路的原理图，对照油管的接线进行检查。检查各液压元件、管路等连接是否正确可靠，安装错了的要予以更正。

（2）根据电气原理图，检查电气接线回路。

（3）查看液位计，油位应在油箱标尺的上、下限范围之间。

步骤2，液压系统的启动。

（1）旋松溢流阀手柄，适当拧紧安全阀手柄，使溢流阀调至最低工作压力，流量阀调至最小，合上电源。

（2）查看电动机的转向是否正确，应点击“启动”按钮。

（3）先点动泵，观察油泵转向是否正确，电源接反不但无油液输出，有时还可能出事故，因此切记运转开始时只能“点动”。待泵声音正常并连续输出油液

以及无其他不正常现象时，方可投入连续运转和空载调试。

（4）点动没问题后，启动油泵，空转 10 min 后，逐渐分挡调节溢流阀升压（每挡 1 ~ 2 MPa，时间间隔 1 min），直到溢流阀的调定值。

步骤 3：液压回路调试。

（1）所有管路连接好后，先检查溢流阀压力是否为零，若不为零，需先调至为零，再按电控箱上“泵启动”按钮启动油泵。启动总电源及油泵后应作一次急回路试验，确认急停按钮功能正常，且油泵空转 10 min 后方可进行调试。逐渐均匀升压加速，具体操作方法是：反复拧紧又立即旋松溢流阀、流量阀等压力或流量调节手柄数次，并通过压力表观察压力的升降变化情况和执行元件的速度变化情况，油泵的发热、振动和噪声等状况。发现问题要及时分析解决。如有异常情况，按电控箱上的“急停”按钮。

（2）液压系统调试。扳动换向阀手柄，使换向阀分别处于左位、右位、中位状态，实现液压缸快进、工进、快退、停止的工作过程。

（3）实验完毕，调节先导式溢流阀旋钮使压力逐渐降低至表示值为 0，拆液压管件（快速接头）部位，各阀件之表压力确定为 0 压力后，才可以拆管。最后按电控箱上“停止”按钮，关闭电源。

（4）卸载，将管路和元件拆下放回原处。液压快速接头与软管拆下后，随即用抹布擦拭衔接部位的油渍，避免油渍积少成多。

任务拓展

矿山采掘机械的液压支架锁紧回路的装调

矿山采掘机械的液压支架锁紧回路最常用的方法是采用液控单向阀，其锁紧回路如图 4—10 所示。由于液控单向阀有良好的密封性能，即使在外力作用下，也能使执行元件长期锁紧。为了保证在三位换向阀中位时锁紧，换向阀应采用 H 型或 Y 型机能。

1. 任务要求

（1）根据液压系统图 4—10 备料，选用溢流阀、换向阀、液压缸、液控单向阀等。

（2）合理布置各个液压元件的安装位置，掌握液压元件间的连接要求。

（3）进行溢流阀、换向阀的调试，观察液压缸的变化及回路动作情况。

2. 实践步骤

（1）选用的工具有扳手、六角扳手。

（2）认真学习相关资料、图样、工作手册。

（3）操作步骤如下：

1）根据课题的要求准备齿轮泵、换向阀、液压缸、溢流阀、液控单向阀等元件及安装需要的相关工具。

2）按课题要求看懂图纸上的齿轮泵、换向阀、液压缸、溢流阀、液控单向阀等符号。

3）将齿轮泵、换向阀、液压缸、溢流阀、液控单向阀等元件固定在安装板上。

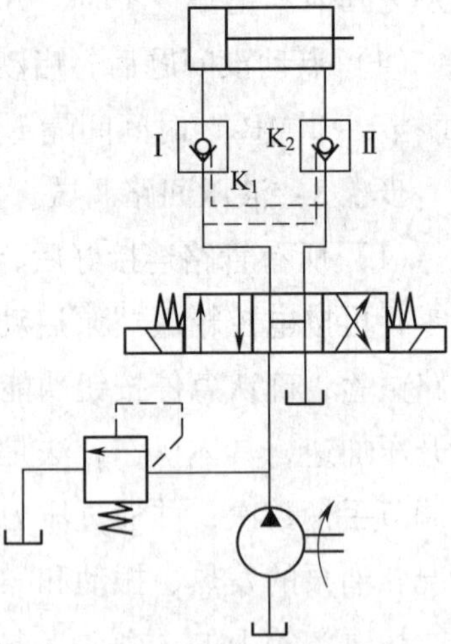

图 4—10　矿山采掘机械的液压支架的锁紧回路

4）对各元件进行接油管和接电线，并进行检查。

5）放松溢流阀，启动液压泵电动机。

6）按电控箱上“泵启动”按钮启动油泵，空转 10 min 后可进行调试。

7）调节换向阀，观察液压缸的变化及回路动作情况。

思考与练习

1. 换向阀在液压系统中起什么作用？
2. 液压传动实现方向控制的方式有哪几种？

任务五　流量控制阀及速度控制回路的安装与调试

任务描述

有些机构中需要有运动方向、运动速度快慢等要求，快速时负载小，要求流量大，压力低；慢速时负载大，要求流量小，压力高。图 5—1 所示为组合钻床实物图，图 5—2 所示为组合钻床液压系统回路。组合钻床能完成钻、扩、铰、镗、铣、攻丝等加工工序，组合钻床操作方便、灵活，是一般机械加工车间常见的机床。本任务要求能读懂组合钻床液压系统图，对流量控制阀进行分析，并根据要求完成组合钻床液压系统的正常启动及装调。

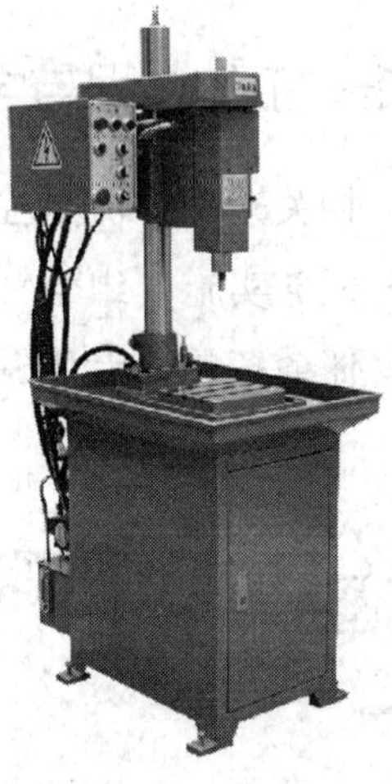

图 5—1　液压钻床实物图

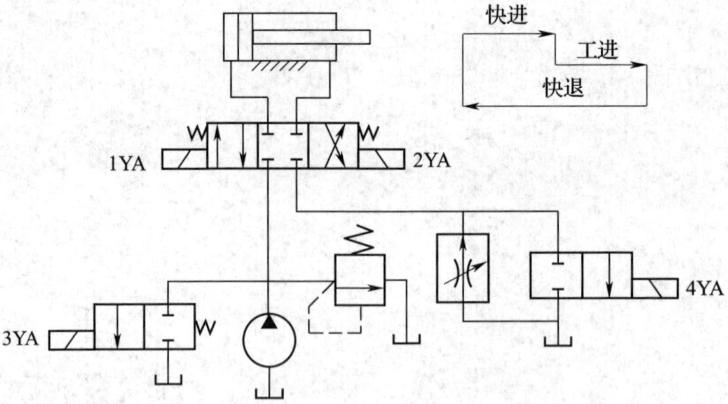

图 5—2　组合钻床液压系统回路

任务分析

一、 学习目标

1. 能够查阅资料，叙述液压流量控制阀的特点。

2. 能够分析液压系统所使用的元件及元件在该系统中的作用。

3. 能够组装简单速度控制的回路图，并分析其工作情况。

4. 理解组合机床液压系统的工作原理和特点，学会组合机床液压系统的安装调试方法，能正常启动及运行组合钻床的液压系统。

二、 工作过程与学习活动

1. 相关知识（流量控制阀与速度控制回路）。

2. 任务实施（组合钻床液压回路的装调）。

3. 任务拓展（专用钻镗床液压系统的装调）。

建议学时

6 学时。

1. 液压系统如何控制执行元件的速度？图 5—1 所示的组合钻床中有哪些液压控制回路？

2. 液压系统中主要有哪些速度控制回路？分别可以实现什么功能？

3. 组合钻床液压系统有什么作用？如何装调？

相关知识

一、 流量控制阀

作用:控制液压系统中液体的流量，简称流量阀。

原理：流量阀是通过改变阀口过流截面面积来调节通过阀口的流量，从而控制执行元件运动速度的控制阀。

分类：节流阀、调速阀。

1. 节流阀

普通节流阀的作用是控制输入液压系统的流量，以达到调节执行元件（液压缸或液压马达）运动速度的目的。普通节流阀只适用于负载和温度变化不大或速度稳定性要求不高的场合。普通节流阀结构及工作原理见表 5—1。

任何一个流量控制阀，都有一个节流部分，称为节流口。改变节流口的通流面积就可以改变通过节流阀的流量。图 5—3 所示为节流口的几种结构形式。

2. 调速阀

调速阀（见图 5—4a）是由定差减压阀和节流阀串联而成的组合阀。节流阀用来调节通过的流量；定差减压阀则自动补偿负载变化的影响，使节流阀前后的压差为定值，消除了负载变化对流量的影响。

图 5—4b 所示为调速阀结构原理图。调速阀的进口压力 p_1 由溢流阀调定，油液进入调速阀后先经减压阀 1 的阀口将压力降至 p_2，然后再经节流阀 2 的阀口使压力由 p_2 降至 p_3。调速阀的出口压力 p_3 是由负载决定的。当负载发生变化，则 p_3 和

表 5—1　　普通节流阀的结构及工作原理

外形图、结构图与图形符号	
	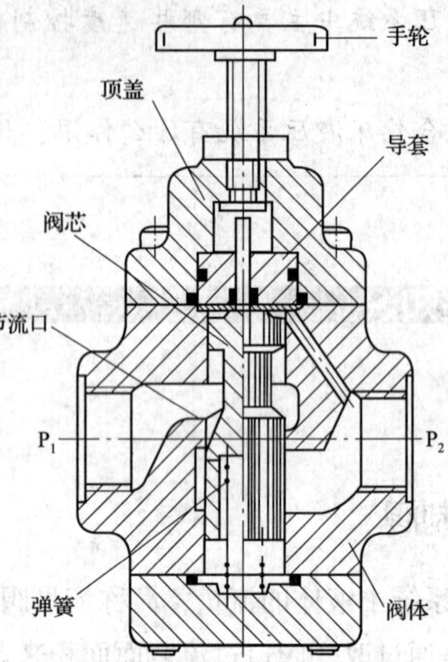 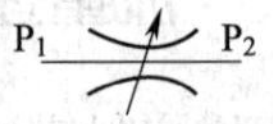
工作原理	压力油从进油口 P_1 流入，经节流阀芯和阀体组成的节流口，再从出油口 P_2 流出。旋转调节手轮，可改变节流口的通流面积，便可实现对输出口输出流量的调节

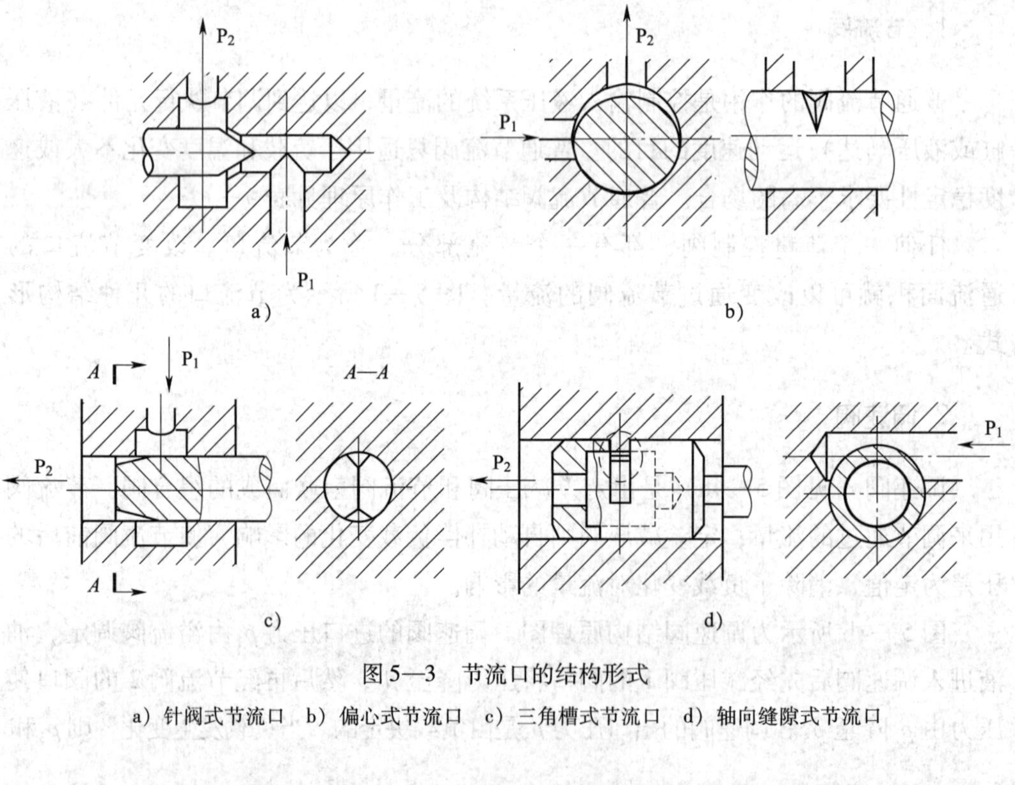

图 5—3　节流口的结构形式

a）针阀式节流口　b）偏心式节流口　c）三角槽式节流口　d）轴向缝隙式节流口

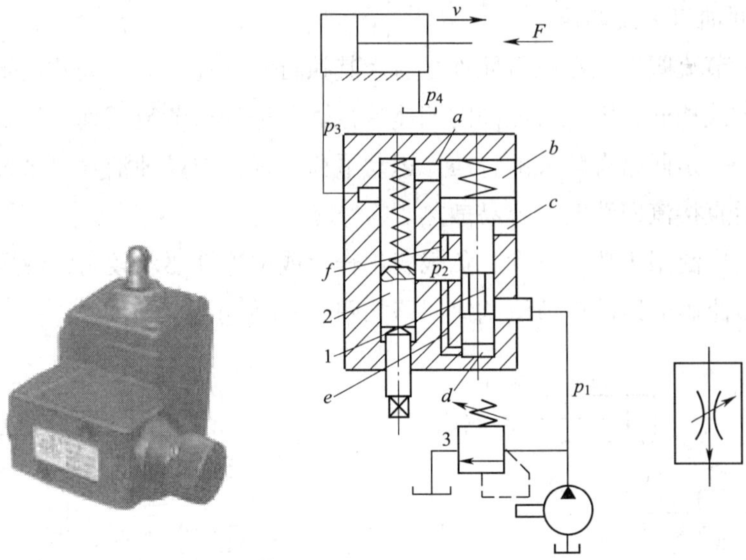

a） b） c）

图 5—4 调速阀

a）实物图 b）结构原理 c）图形符号

1—减压阀阀芯 2—节流阀阀芯 3—溢流阀

调速阀进出口压力差 p_1-p_3随之变化，但节流阀两端压力差 p_2-p_3不变。例如，当负载压力 p_3增大，减压阀阀芯弹簧腔液压作用力也增大，阀芯下移，减压阀的阀口开大，压降减小，使 p_2有所增大，从而使节流阀的压差 p_2-p_3保持不变；反之亦然。这样就使调速阀的流量恒定不变（不受负载影响）。

二、速度控制回路

在液压系统中，调速回路是液压系统的核心。速度控制是采用改变进入执行元件的流量来实现的。控制方式有节流控制、液压泵控制和液压马达控制，液压泵控制和液压马达控制又称为容积调速。

1. 节流控制调速回路

（1）进油口节流调速

特点：节流阀串联在执行元件前。阀口开度增大，执行元件速度增大；速度随负载增大而下降；阀口开度小和负载小时速度平稳性较好；不同的阀口开度其最大的承载力是相同的，所以称进油口节流调速回路为恒推力调速。

应用：一般用于低速、轻载，且负载变化小的液压系统。如果用调速阀代替普通节流阀，速度稳定性将大大提高。

普通节流阀的进油口节流调速回路如图 5—5 所示。

（2）回油口节流调速

特点：节流阀串联在执行元件之后。其执行元件速度计算公式与进油口节流调速回路公式相同，因此有相同的调速特性。与进油口节流调速回路比较，它有以下优点：一是回路有较大的背压，运动平稳性好；二是油液通过节流阀，因压降而发热后直接流回油箱，容易散热。

应用：广泛用于功率不大、负载变化较大或平稳性要求较高的液压系统。

普通节流阀的回油口节流调速回路如图 5—6 所示。

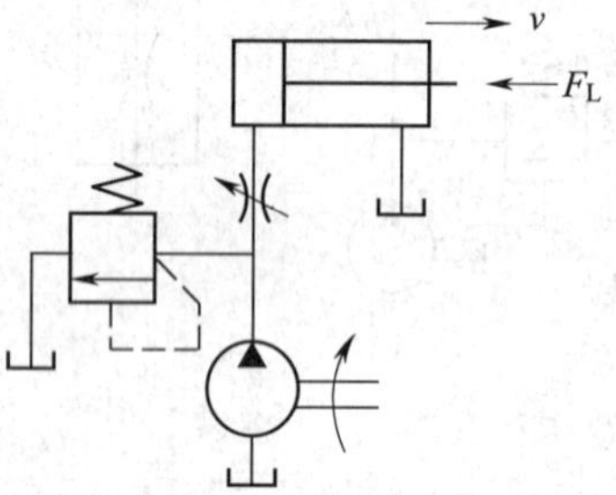

图 5—5　普通节流阀的进油口节流调速回路

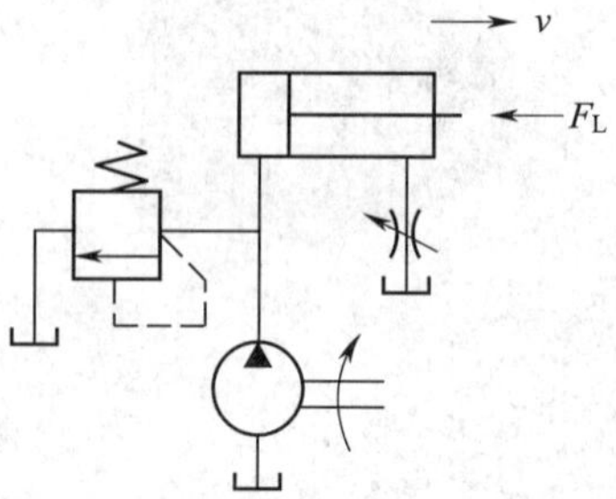

图 5—6　普通节流阀的回油口节流调速回路

（3）旁路节流调速

特点：节流阀与执行元件并联。阀口开度增大速度下降；同样阀口开度时负载增大，执行元件速度下降；相同的阀口开度，负载较小时速度平稳性差，负载较大时速度平稳性较好；相同的负载，阀开口小时速度平稳性好，开口大时速度平稳性差；阀开口度不同，其最大承载能力不同，开口小承载能力高，开口大承载能力低；无溢流损失，效率较高。

应用：用于负载较大、速度较高、运动平稳性要求不高的中等功率的液压系统，如牛头刨床的主传动系统。节流阀的旁路节流调速回路如图 5—7 所示。

2. 容积调速回路

（1）泵 - 缸式容积调速回路

如图 5—8 所示为变量泵 - 液压缸调速回路，改变变量泵的流量可以调节液压缸的运动速度。单向阀用以防止停机时油液流空，左溢流阀在此回路作为安全阀使用，右溢流阀作为背压阀使用。

（2）泵 - 马达式容积调速回路

泵 - 马达式容积调速回路如图 5—9 所示。

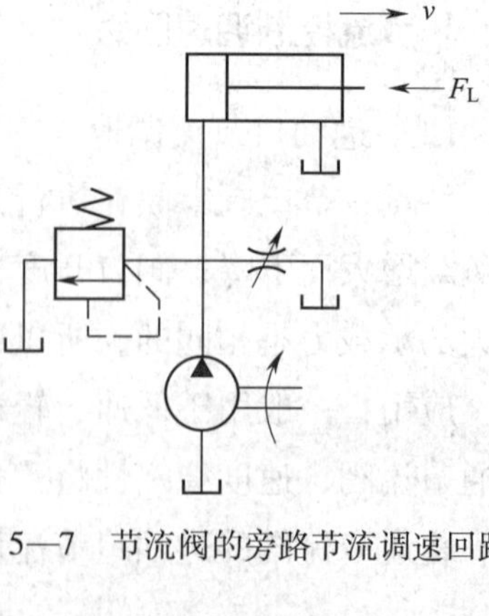

图 5—7　节流阀的旁路节流调速回路

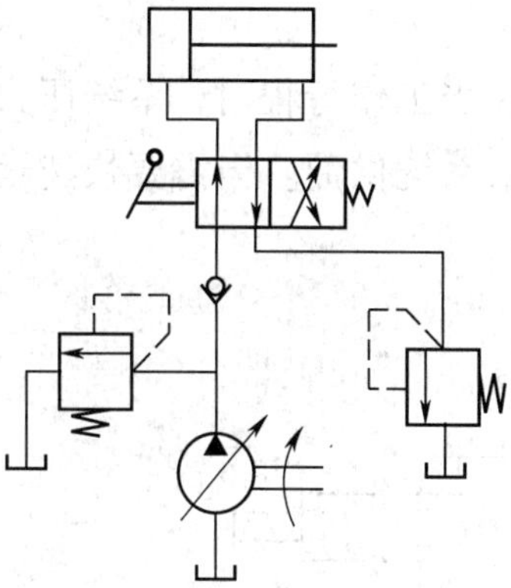

图 5—8　泵 - 液压缸调速回路

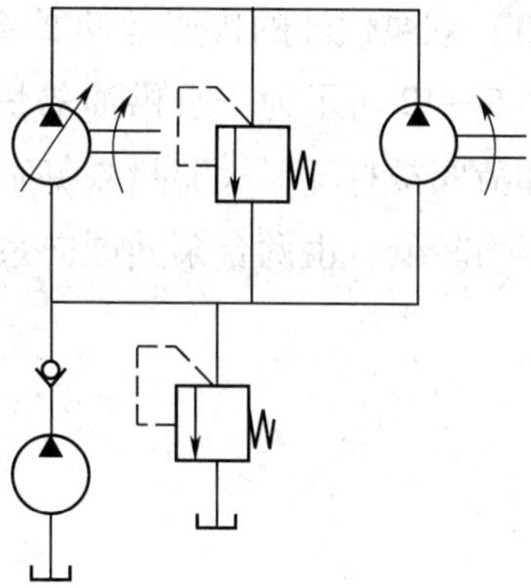

图 5—9　泵 - 马达式容积调速回路

3. **快速运动回路**

快速运动回路又称增速回路，其功能在于使液压执行元件在空载时获得所需的高速，以提高系统的工作效率及充分利用功率。

（1）差动回路

图 5—10 所示为差动回路。当液压缸向右前进时，从液压缸右侧排出的油再从左侧进入液压缸，增加进油口处的油量，可使液压缸快速前进，但同时也使液压缸的推力变小。

这种快速回路简单、经济，但快、慢速的转换不够平稳。

（2）采用蓄能器的快速补油回路

图 5—11 所示为采用蓄能器的快速补油回路。当两位四通换向阀右位时，蓄能器所储存的液压油即可释放出来加到液压缸，活塞快速前进。活塞在作加压等操作时，液压泵即可对蓄能器充压（蓄油）。当两位四通换向阀左位时，蓄能器液压油和泵排出来的液压油此时送到液压缸的活塞杆端，活塞快速回行。

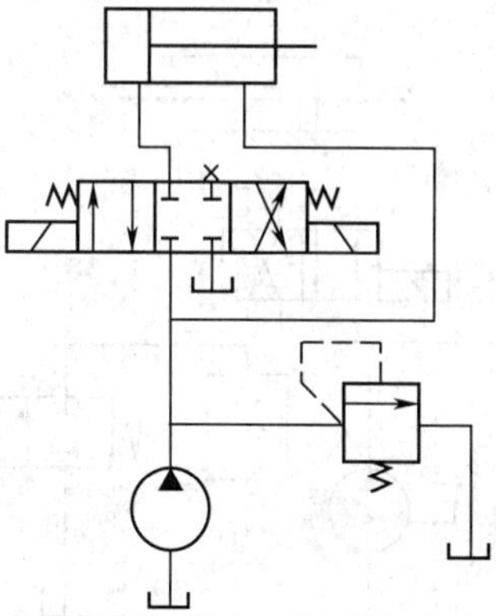

图 5—10　差动回路

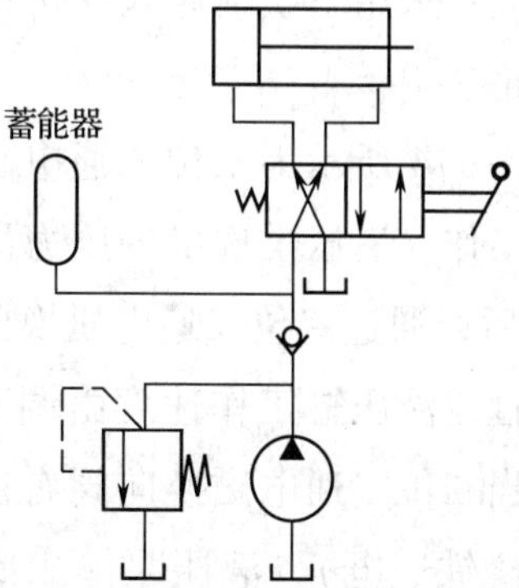

图 5—11　采用蓄能器的快速补油回路

（3）双泵供油的快速运动回路

图 5—12 所示为双泵供油的快速运动回路。当工作行程时，系统压力升高，右边卸荷阀被打开，大流量泵卸荷，小流量泵给系统供油。当需要快速运动时，系统压力较低，由两台泵共同向系统供油。

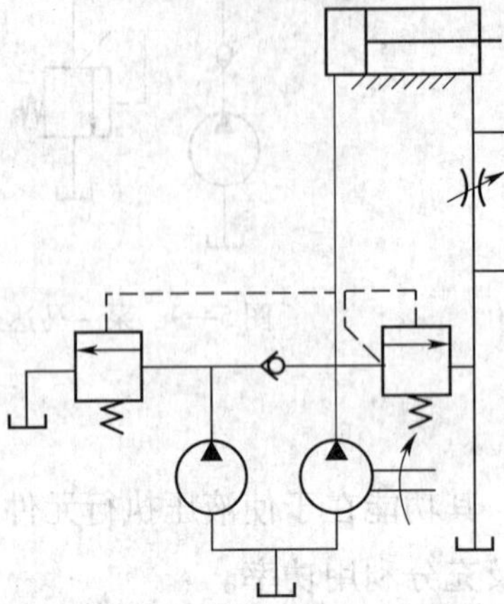

图 5—12　双泵供油快速回路

4. 换接回路

（1）短接流量阀速度换接回路

特点：采用短接流量阀获得快、慢速运动的回路。

图 5—13 所示为二位二通电磁换向阀左位工作，回路回油节流，液压缸慢速向左运动。当二位二通电磁换向阀右位工作时（电磁铁通电），流量阀（调速阀）被短接，回油直接流回油箱，速度由慢速转换为快速。二位四通电磁换向阀用于实现液压缸运动方向的转换。

（2）串联调速阀速度换接回路

特点：采用串联调速阀获得速度换接的回路。

图 5—14 所示为二位二通电磁换向阀左位工作，液压泵输出的压力油经调速阀 A 后，通过二位二通电磁换向阀进入液压缸，液压缸工作速度由调速阀 A 调节。当二位二通电磁换向阀右位工作时（电磁铁通电），液压泵输出的压力油通过调速阀 A，须再经调速阀 B 后进

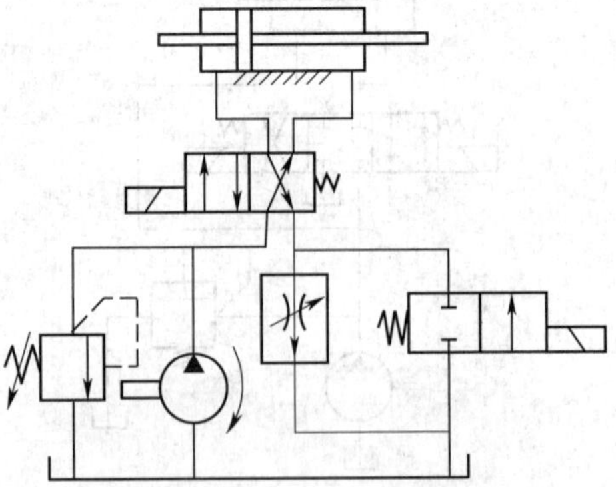

图 5—13　短接流量阀速度换接回路

入液压缸，液压缸工作速度由调速阀 B 调节。

（3）并联调速阀速度换接回路

特点：采用并联调速阀获得速度换接的回路。

两工作进给速度分别由调速阀 A 和调速阀 B 调节，速度转换由二位三通电磁换向阀控制，如图 5—15 所示。

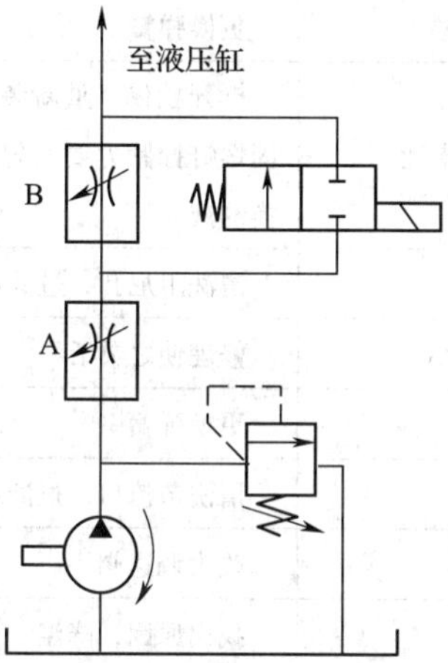

图 5—14　串联调速阀速度换接回路

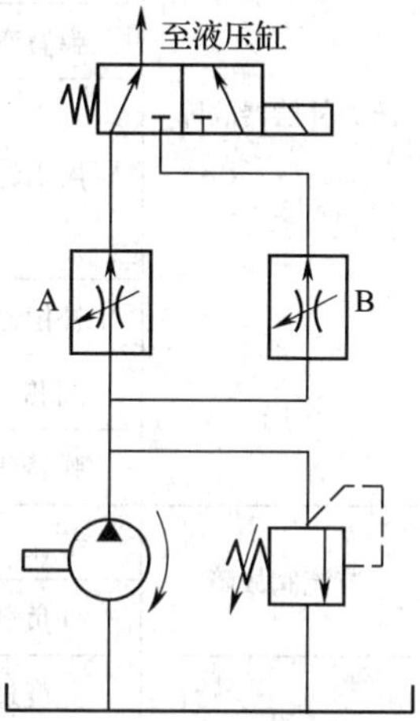

图 5—15　并联调速阀速度换接回路

三、 流量控制阀的故障及排除方法

流量控制阀的故障及排除方法见表 5—2。

表 5—2　　　　流量控制阀的故障及排除方法

故障现象	产生原因		排除方法
调节节流阀手轮，不出油	压力补偿器不动作	压力补偿阀芯在关闭位置卡死	修配阀芯
		阀芯、阀套精度差、间隙小	检查精度、修配间隙
		弹簧弯曲变形使阀芯卡住	更换弹簧
		弹簧太软	更换弹簧
	节流阀故障	油液脏、节流口被堵	过滤油液
		手轮与节流阀芯装配不当	重新装配
		节流阀芯连接失落或未装键	更换或补装键
		节流阀芯配合间隙过小或变形	修配间隙，更换零件
		控制轴螺纹被脏物堵住	清洗
	系统出油	换向阀芯未换向	检修或更换换向阀

续表

故障现象	产生原因		排除方法
输出流量不稳定	压力补偿器故障	压力补偿阀芯工作不灵敏	检修、更换零件，过滤或更换油液
		阀芯卡死	修配使之灵活
		补偿器阻尼孔时通时堵	清洗阻尼孔，过滤油液
		弹簧弯曲、变形、垂直度差	更换弹簧
		压力补偿阀芯在全开位置卡死	拆开检修，重新装配；阀盖紧固螺钉拧紧力要均匀；过滤或更换油液
		补偿器阻尼孔堵死	清洗阻尼孔，过滤油液或更换
		阀芯、阀套精度差，间隙小	修理使之灵活
		弹簧弯曲变形使阀芯卡住	更换弹簧
	节流阀故障	节流口有污物，时通时堵	清洗节流口，过滤或更换油液
		外负载变化引起流量变化	改为调速阀
	油液品质变化	温度过高	找出原因，降温
		温度补偿杆性能差	更换
		油液脏	过滤或更换油液
	泄漏	内、外泄漏	消除泄漏
	单向阀故障	单向阀密封性差	研磨单向阀
	管道振动	系统有空气，锁紧螺母松动	排空气体，锁紧螺母

任务实施

组合钻床液压回路的安装与调试

组合钻床能实现刀具的快进、工进、快退、停止等动作循环。通过本任务的学习，掌握组合钻床的工作原理以及液压系统中控制元件的作用，并能读懂组合钻床液压系统图（见图5—16）。

1. 准备工作

（1）选用的工具：扳手、六角扳手。

（2）选用的元件见表5—3。

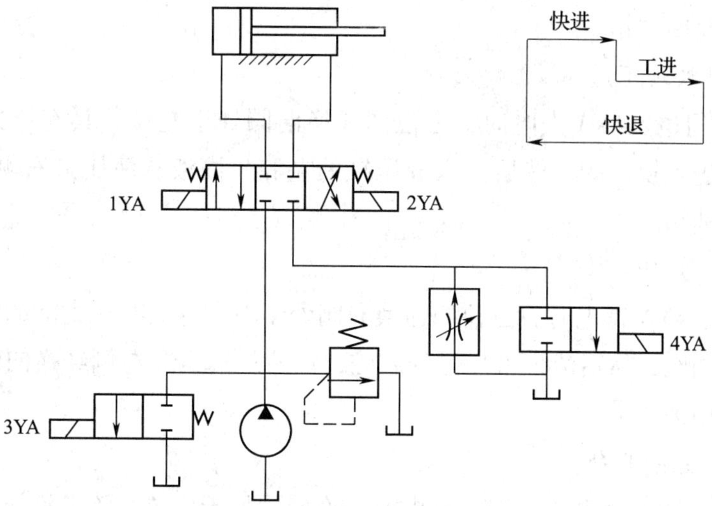

图 5—16　组合钻床液压系统回路

表 5—3　　**选用的元件**

名称	型号	数量
液压泵	HGP－22A	1
液压缸	LB－40－R28－150	1
调速阀	FSC－G02	1
负载	—	1
溢流阀	RVT－04	1
二位四通电磁换向阀	YC24D	1
油管	6－1－WP. 32MP MT	10
电动机	CO3－43B0	1
单向阀	JUNWELL	1

2. 分析系统图

在图 5—16 所示的液压系统中，液压缸动作循环为：快进→工进→快退→停止。组合钻床液压系统回路原理分析如下。

步骤 1，实现快进。

当 1YA、4YA 都得电时，三位四通换向阀处于左位，具有压力能的液压油通过管路进入换向阀，然后流入液压缸的左腔，油液从液压缸右侧经换向阀、二位四通换向阀流回油箱。

步骤2，实现工进。

当1YA得电、4YA失电时，三位四通换向阀处于左位，具有压力能的液压油通过管路进入换向阀，然后流入液压缸的左腔，油液从液压缸右侧经换向阀、调速阀流回油箱。

步骤3，实现快退。

当2YA、4YA得电时，三位四通换向阀处于右位，具有压力能的液压油通过管路进入换向阀，然后流入液压缸的右腔，油液从液压缸左侧经换向阀、二位四通换向阀流回油箱。

步骤4，系统卸荷。

当1YA、2YA都失电，3YA得电时，换向阀处于中位，流向液压缸的油路被堵死，液压缸不通压力油，液压缸停止不动，系统处于卸荷状态。

注意：在液压泵出口处设置溢流阀，正常工作时阀口关闭，不溢流；当系统因为负载升高，压力超过溢流阀调定值时，溢流阀阀口打开，才开始溢流，起限压保护作用。

填写组合钻床液压系统电磁铁动作顺序表（见表5—4）。

表5—4　　组合钻床液压系统电磁铁动作顺序表

电磁铁 动作	1YA	2YA	3YA	4YA
快进	+	−	−	+
工进	+	−	−	−
快退	−	+	−	+
原位停止	−	−	+	−

3. 技能实施

（1）根据训练课题要求准备液压泵、溢流阀、换向阀、调速阀、液压缸等液压元件，以及安装时所使用的工具。

（2）将所选液压元件固定在安装板上。

（3）用液压管连接液压元件，并进行电线连接。

（4）对照液压系统图检查油路是否正确，各个接口是否可靠，是否符合技术要求。

（5）对液压系统中的溢流阀进行检查，并调至压力值；调节调速阀。

（6）液压系统调试，实现液压缸快进、工进、快退、停止的几个工作过程。

任务拓展

专用钻镗床液压系统的安装与调试

在图 5—17 所示的专用钻镗床液压系统中，液压缸动作循环为：快进→一工进→二工进→快退→停止。

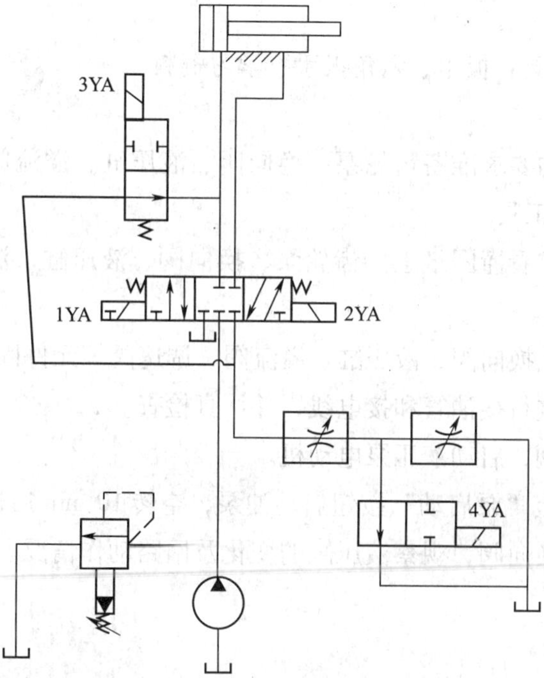

图 5—17　专用钻镗床液压系统回路

1. 任务要求

（1）根据液压系统图备料，能合理选用液压元件：溢流阀、换向阀、调速阀等。

（2）画出液压系统电磁铁动作顺序表（见表 5—5）。

（3）完成液压回路的安装，合理布置各个液压元件的安装位置，掌握液压元件间的连接要求。

（4）进行溢流阀、调速阀的速度调试。

表 5—5　　专用钻镗床液压系统电磁铁动作顺序表

动作 \ 电磁铁	1YA	2YA	3YA	4YA
快进				
一工进				
二工进				
快退				
原位停止				

2. 实施步骤

（1）选用的工具：扳手、六角扳手、学习资料。

（2）操作步骤：

1）根据课题的要求准备齿轮泵、换向阀、液压缸、溢流阀、调速阀等元件及安装需要的相关工具。

2）按课题要求看懂图纸上的齿轮泵、换向阀、液压缸、溢流阀、调速阀等符号。

3）将齿轮泵、换向阀、液压缸、溢流阀、调速阀等元件固定在安装板上。

4）对各元件进行接油管和接电线，并认真检查。

5）放松溢流阀，启动液压泵电动机。

6）按电控箱上“泵启动”按钮启动油泵，空转 10 min 后进行调试。

7）调节 3 个换向阀，观察液压缸的变化及回路动作情况。

思考与练习

1. 流量阀在液压系统中起什么作用？

2. 液压传动实现速度控制的方式有哪几种？

任务六　压力控制阀及压力控制回路的安装与调试

任务描述

常见的全功能数控车床，基本上都是采用由液压缸驱动动力卡盘的方式来夹紧零件。在实际切削中，驱动卡盘的液压缸内的压力决定了卡盘夹紧零件的夹紧力，而夹紧力的大小对加工后的零件精度有很大影响，因此，数控车床液压卡盘控制回路就必须包含压力控制回路。压力控制回路的作用是通过压力控制阀来完成系统的压力控制，实现调压、增压、减压、卸荷和顺序动作等，以满足执行元件在力或转矩及各种动作变化时对系统压力的要求。本任务要求能够认识压力控制阀及压力控制回路，并能够安装、调试数控车床液压卡盘控制系统。数控车床实物及其液压卡盘控制系统如图 6—1 所示。

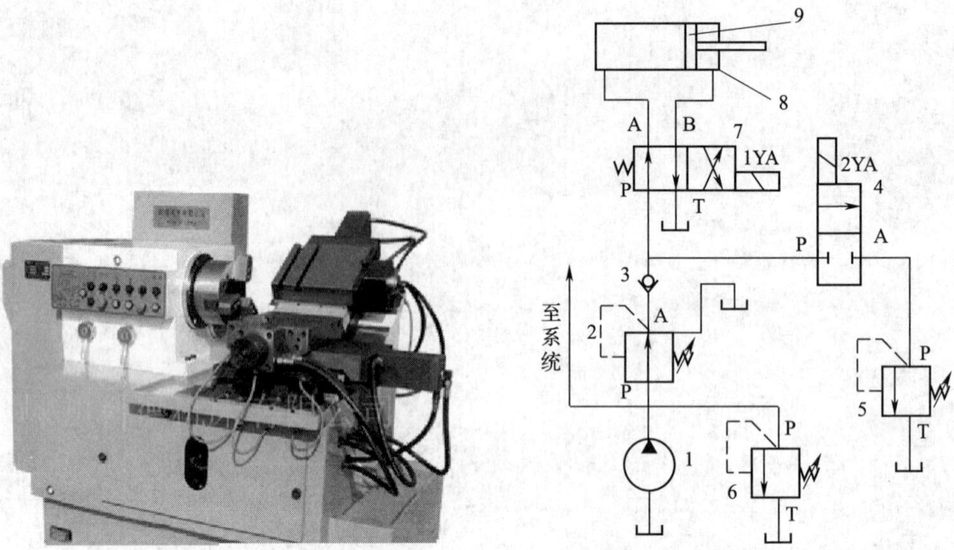

图 6—1　数控车床液压卡盘控制回路

1—液压泵　2—减压阀　3—单向阀　4—二位二通电磁换向阀

5、6—溢流阀　7—二位四通电磁换向阀　8—液压缸　9—液压缸活塞

任务分析

一、学习目标

1．能查阅资料，认识压力控制阀的元件符号图，掌握其工作原理及应用。

2．能够分析压力控制回路的工作原理。

3．能够理解压力控制回路在实际中的应用。

4．能够安装与调试相关的压力控制回路，如数控车床液压卡盘控制回路。

二、工作过程与学习活动

1．相关知识（压力控制元件及其控制回路、其他控制回路简介）。

2．任务实施（数控车床液压卡盘控制系统的原理分析、系统的安装与调试）。

3．任务拓展（液压缸串联同步动作回路的安装与调试）。

建议学时

8 学时。

1. 压力控制阀有哪些类型？功能如何？

2. 基本的压力控制回路有哪些？

3. 数控车床的卡盘是如何工作的？

4. 数控车床液压卡盘控制系统由哪些基本回路组成？包括哪些元器件？

5. 数控车床液压卡盘控制系统的工作原理是怎样的？

6. 数控车床液压卡盘控制系统是如何连接与调试的？

相关知识

一、 压力控制阀及其压力控制回路

压力控制阀分为以下几种类型：

- 压力控制阀
  - 溢流阀
    - 直动式溢流阀、先导式溢流阀（按结构分类）
  - 减压阀
    - 直动式减压阀、先导式减压阀（按结构分类）
    - 定差减压阀、定值减压阀、定比减压阀（按作用分类）
  - 顺序阀
    - 直动式顺序阀、先导式顺序阀（按结构分类）
    - 内控式顺序阀、外控式顺序阀（按控制方式分类）
  - 压力继电器

1. **溢流阀**

溢流阀的作用是定压、稳压。定压是根据系统（负载）的需要，调定溢流阀入口即泵出口的压力为某一所需要值。稳压是无论外负载如何变化（在保证溢流阀开启的条件下变化），溢流阀都能经过自身的调节把溢流阀入口即泵的出口压力稳定在初始调定值上不变。按调压性能和结构特征划分，溢流阀可分为直动式溢流阀和先导式溢流阀两大类。在中、高压大流量的情况下，一般采用先导式溢流阀。

（1）溢流阀的工作原理

直动式、先导式溢流阀的结构及工作原理见表 6—1 和表 6—2。

表 6—1　　　　直动式溢流阀的结构及工作原理

<table>
<tr><th colspan="2">外形图、结构图与图形符号</th></tr>
<tr><td colspan="2"> 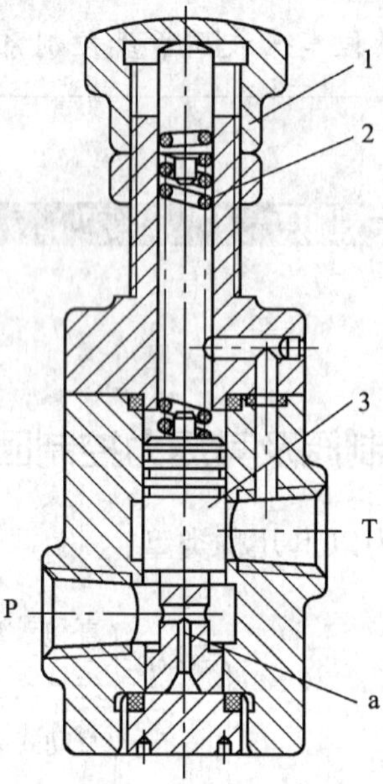 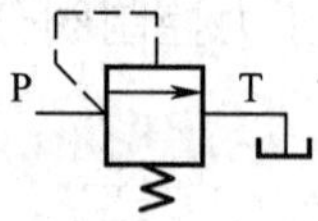
1—调节螺母　2—弹簧　3—阀芯</td></tr>
<tr><td>工作原理</td><td>这是一种低压直动式溢流阀，P 是进油口，T 是回油口，进口压力油经阀芯 3 阻尼孔 a 后作用在阀芯 3 的底面上，形成一个向上的液压作用力。当进油压力较小时，阀芯在弹簧 2 的作用下处于下端位置，将 P 和 T 两油口隔开，阀不溢流。当进口油压力升高时，阀芯下端所产生的液压作用力足以克服弹簧对阀芯的作用力，阀芯向上移动，压缩弹簧，阀口被打开，将多余的油液排回油箱。此时，由于溢流阀的作用，在流量变化时进口压力能基本保持恒定。
阀芯上的阻尼孔 a 用来对阀芯的动作产生阻尼，以提高阀的工作平衡性。调整调节螺母 1 可以改变弹簧的压紧力，这样，也就调整溢流阀进口处的油液压力 p</td></tr>
</table>

表 6—2　　先导式溢流阀的结构及工作原理

<table>
<tr><th colspan="2">外形图、结构图与图形符号</th></tr>
<tr><td colspan="2"> 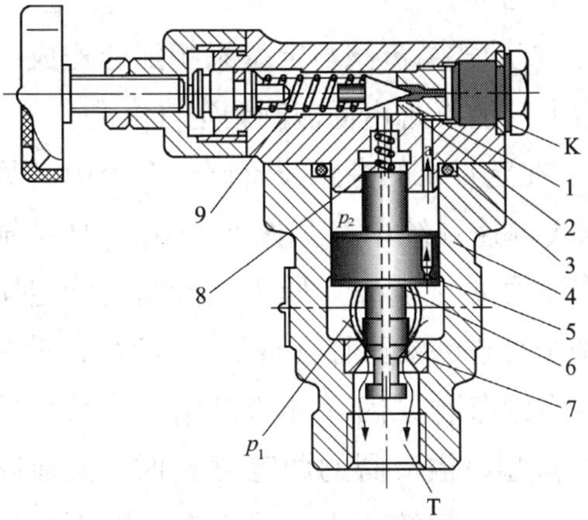

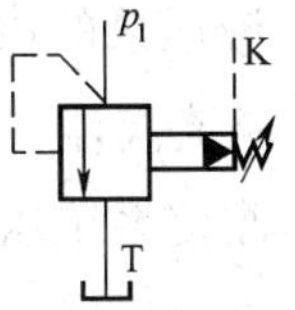

1—先导阀阀芯　2—锥阀座　3—阀盖　4—阀体　5—阻尼孔
6—主阀芯　7—主阀座　8—主阀弹簧　9—调压弹簧</td></tr>
<tr><td>工作原理</td><td>上图所示为一种典型的三节通信结构先导型溢流阀，它由先导阀和主阀两部分组成。锥式先导阀阀芯 1、主阀芯 6 上的阻尼孔 5（固定节流孔）及调压弹簧 9 一起构成先导阀部分，负责向主阀芯 6 的上腔提供经过先导阀稳压后的压力 p_2。主阀芯上端面作用有力 p_2A_2，下端面作用有反馈力 p_1A_1，其合力可驱动阀芯。调节溢流口的大小，最后达到对进口压力 p_1 进行调压和稳压的目的。

工作时，压力油从进油口进入，作用于主阀芯大直径台肩下部的圆环形面积上，并通过主阀芯中的阻尼孔 5 进入到主阀芯的上腔，由经过小孔 a 作用于先导调压阀的锥阀上。

当进油压力较低时，先导阀阀芯上的液压作用力小于先导阀调压弹簧 9 的预紧力，先导阀阀芯关闭，阻尼孔 5 中的油液不流动，所以主阀芯两端的油压力相等，在主阀弹簧 8 的作用下主阀芯处于最下端，将溢流阀关闭。

当进油口压力增大到使先导阀打开时，液流经主阀芯上的阻尼孔 5、先导阀流回油箱。由于阻尼孔的阻尼作用，主阀芯上部的液压力 p_2 小于下部的液压力 p_1。当主阀芯 6 上、下两端压力差所产生的作用力超过主阀弹簧的作用力时，打开主阀口，实现溢流，并维持压力基本稳定。调节先导阀的调压弹簧 9，便可调整溢流压力。

先导式溢流阀因通过先导阀的流量很小，先导阀阀芯 1 尺寸很小，调压弹簧 9 的刚度不必太大，使得其调整比较轻便。另外，主阀弹簧 8 的作用只是使主阀阀芯复位，因此弹簧 8 可以选择刚性较小的弹簧。当溢流量变化而引起主阀芯 6 位置变化时，弹簧力的变化较小，使进口压力比较稳定。

从上图可以看出，先导阀体上有一个远程控制口 K，采用不同的控制方式，可以使先导式溢流阀实现不同的作用。例如，当 K 口通过二位二通阀接油箱时，先导级的控制压力 $p_2 \approx 0$，主阀芯在很小的液压力（基本为零）作用下便可向上移动，打开阀口溢流，实现卸荷作用。另外，若 K 口接到一个远程调压阀上，且远程调压阀的调节压力小于主阀中先导阀的调节压力，那么溢流阀进口压力就由远程调压阀决定，实现远程调压</td></tr>
</table>

（2）溢流阀的应用

溢流阀应用十分广泛，每一个液压系统都必须使用溢流阀，溢流阀在液压系统中的应用主要有以下几种。

1）作溢流阀用。直动式溢流阀与定量泵相配合构成一恒压油源，如图 6—2 所示。图中定量泵的出口油压 p_P 由溢流阀调定（p_Y）。

2）作安全阀用。在定量泵的旁路节流调速系统中（见图 6—3a）或在容积式调速系统中（见图 6—3b），当系统正常工作时，其工作压力 p_1（$=p_P$）低于溢流阀的调定压力 p_Y，液压泵的供油全部进入液压缸（或液压马达），没有湍流从溢流阀流出；当因某种原因（如管路堵塞或系统过载等）而使系统压力 p_1 超过溢流阀的调定值 p_Y 时，溢流阀打开，使油液经溢流泄出，系统压力不再上升，因而可以防止系统过载。此时溢流阀如同电路中的保险丝一样，对系统起安全保护作用。

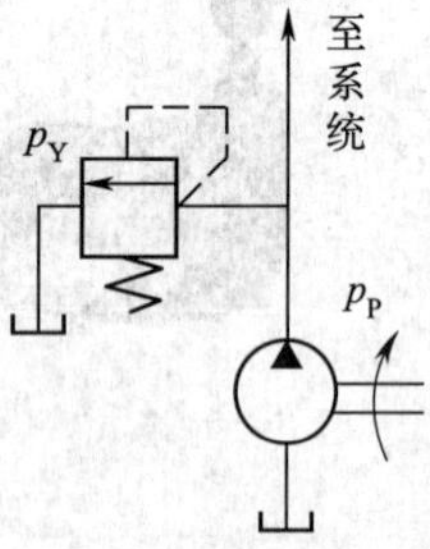

图 6—2　恒压油源

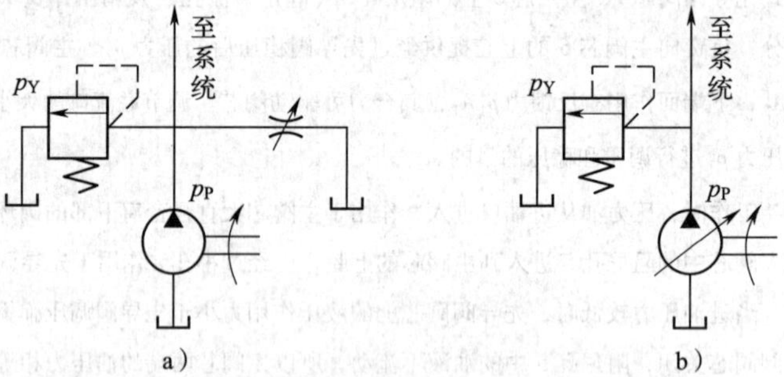

图 6—3　溢流阀作安全阀

3）作背压阀用。在液压缸工进时的回油管路上安置一个溢流阀，使回油腔建立起一定压力（背压力）：$p_2=p_Y$。这样可增加液压缸工进时运动的平衡性，也可消除负载 F_L 突然减小或变为零时液压缸产生的前冲现象（见图 6—4a）；将溢流阀安置在液压马达的回油管路上（见图 6—4b），可以使马达迅速制动。停转（见图 6—4b）中，三位四通手动换向处右位 3 时，泵卸荷，液压马达制动；三位阀处中位 2 时，泵卸荷，液压马达缓停；三位阀处左位 1 时，液压泵向液压马达供油，马达旋转。此溢流阀在系统中起到了背压作用。

4）作远程调压阀用。直动式溢流阀与先导式溢流阀相配合可组成远程调压回路。当由某种原因引起的，在被控对象附近实施压力控制不便时，可采用远程调压方式。图 6—5 所示为远程调压回路，图中阀 Y_1 必须是先导式溢流阀，阀 Y_2

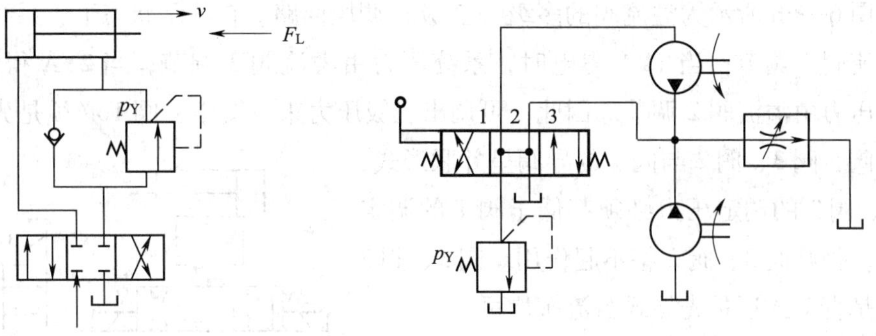

a） b）

图 6—4 溢流阀作背压阀

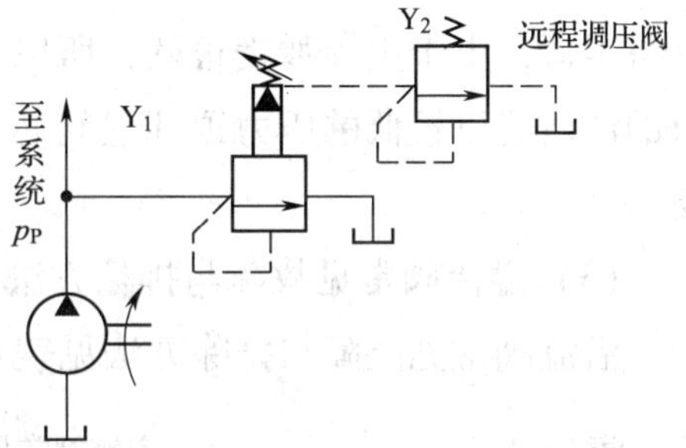

图 6—5 远程调压回路

是直动式还是先导式溢流阀或远程调压阀均可，在远程调节压力时，阀 Y_2 与先导式溢流阀 Y_1 的导阀共用一个主阀体（Y_1的主阀体），Y_2 只有调定压力较小时才能被压力油顶开，对 Y_1 的入口起定压作用。因此远程调压阀 Y_2 调定范围的最大值不能超过阀 Y_1 本身的调定值。如果要使调压范围不受此限制，可将 Y_1 的导阀弹簧（即调压弹簧）顶死即可。

5）实现系统的双级和多级调压。如图 6—6a 所示，当阀 2 关闭时，泵出口油压由先导式溢流阀 1 调定；当阀 2 接通时，泵的出口压力由溢流阀（远程调压阀）3 调定。为能调节出二级压力来，阀 3 的调定压力必须小于阀 1 的调定值。

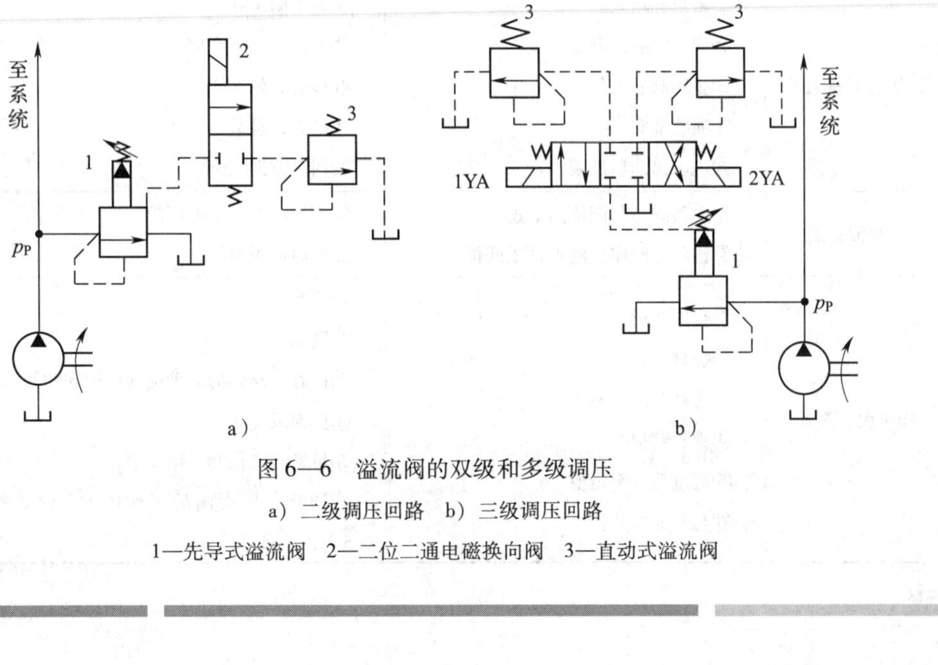

a） b）

图 6—6 溢流阀的双级和多级调压

a）二级调压回路 b）三级调压回路

1—先导式溢流阀 2—二位二通电磁换向阀 3—直动式溢流阀

图 6—6b 所示为溢流阀的多级（三级）调压回路。在图示状态下，系统压力由溢流阀 1 调节；当 1YA 得电时，系统压力由溢流阀 3 调节；当 2YA 得电时，系统压力由溢流阀 2 调节。因此，可调出三级压力来。图中，阀 1 必须是先导式溢流阀，阀 3、阀 2 与阀 1 的导阀呈并联形式，阀 3、阀 2 的调定压力必须都低于阀 1 的调定压力，否则阀 3、阀 2 将不起作用。阀 3、阀 2 无论是直动式还是先导式溢流阀均可。

6）作卸荷阀用。如图 6—7 所示，当阀 3 接通时，先导式溢流阀 2 的远程控制口 K 经管道和油箱相通，这样阀 2 主阀上腔的油压便可降得很低，由于主阀弹簧很软，所以溢流阀入口的油液能以较低的压力顶开主阀芯，实现溢流。

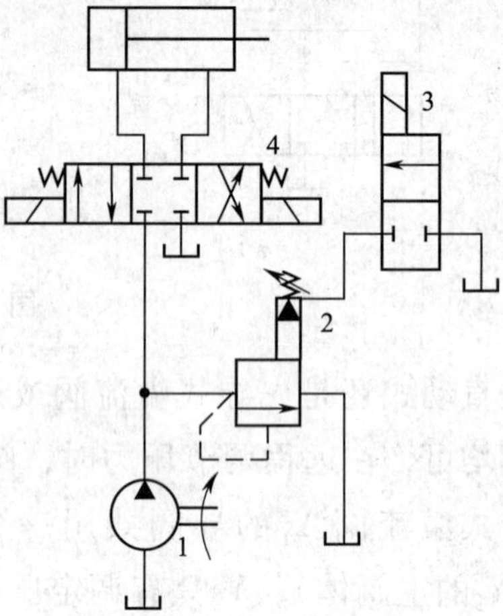

图 6—7　先导式溢流阀用于系统卸荷

（3）溢流阀常见故障与排除方法

溢流阀常见故障与排除方法见表 6—3。

表 6—3　溢流阀常见故障与排除方法

现　象	故障原因	排除方法
压力波动不稳定	①锥阀与阀座接触不良或磨损 ②弹簧刚度差 ③滑阀变形或损伤 ④油液污染，阻尼孔堵塞	①配研或更换 ②更换 ③配磨或更换 ④更换或过滤液压油，疏通阻尼孔
压力调整无效	①阻尼孔堵塞 ②弹簧断裂或漏装 ③主阀阀芯卡住 ④漏装锥阀 ⑤进、出油口反装	①疏通阻尼孔 ②更换或补装弹簧 ③检查，修配 ④检查，补装 ⑤纠正方向
泄漏显著	①主阀阀芯与阀体间隙过大 ②锥阀与阀座接触不良或磨损	①更换阀芯，重配间隙 ②配研或更换
噪声大，振动大	①弹簧变形 ②螺母松动 ③主阀芯动作不良 ④锥阀磨损 ⑤流量超过额定值 ⑥与其他阀共振	①更换 ②紧固 ③检查与阀体的同轴度或修配阀的间隙 ④更换或配研 ⑤更换大流量阀 ⑥调整各压力阀的工作压力，使其差值在 0.5 MPa 以上

2. 减压阀

减压阀的作用是减压、稳压。所谓减压就是将阀入口较高的一次压力 p_1 降低为阀出口较低的二次压力 p_2。稳压就是不论负载如何变化（在保证减压阀工作的条件下变化），减压阀通过自身调整都能把其出口压力稳定在初始调定值上不变。

（1）减压阀的工作原理

先导式减压阀的结构及工作原理见表 6—4。

表 6—4　先导式减压阀的结构及工作原理

外形图、结构图与图形符号

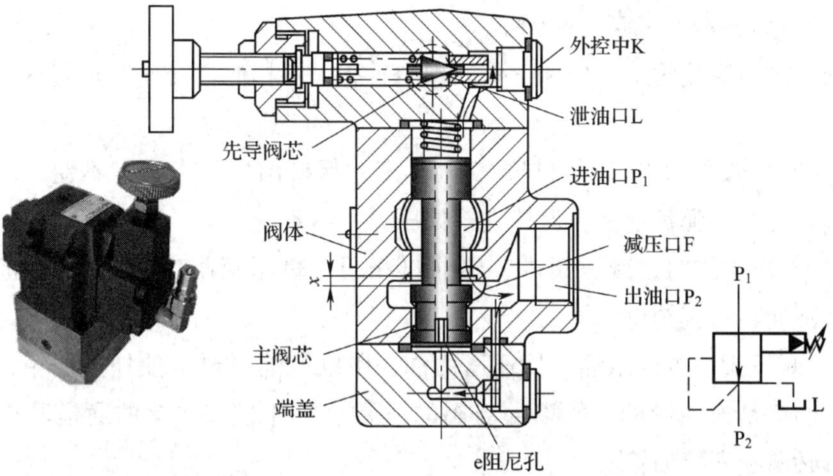

工作原理	先导式减压阀由先导阀和主阀两部分组成。压力油由阀的进油口 P_1 流入，经主阀减压口 F 减压后由出油口 P_2 流出。工作时，若出口压力 p_2 低于先导阀的调定压力，先导阀芯关闭，主阀芯上、下两腔压力相等，主阀芯在弹簧作用下处于最下端，减压口开度为最大，减压阀不起减压作用，$p_1 \approx p_2$。当出口压力达到先导阀调定压力时，先导阀阀口打开，主阀弹簧腔的油液便由泄油口 L 流回油箱。由于油液在主阀芯阻尼孔内流动，使主阀芯两端产生压力差。主阀芯在压差作用下，克服弹簧力抬起，减压阀口减小，压降增大，使出口压力下降到调定压力值。 由于先导式减压阀中主阀芯弹簧不起调压作用，因此弹簧极软。减压阀工作时主阀芯位置变化所引起弹簧力变化可忽略，且主阀芯的有效作用面积较大，故减压阀出口压力由先导阀设定，并基本保持恒定。可见，先导式减压阀工作时，其出口压力基本上为定值，不受进口压力的影响。应当指出，当减压阀出口处的油液不流动时，仍有少量油液通过减压阀口经先导阀和泄油口 L 流回油箱。阀处于工作状态，阀出口压力基本上保持在调定值上

减压阀按其调节性能又分为定值减压阀、定比减压阀、定差减压阀三种。定差减压阀能保持阀的进出油口压力之间有近似恒定的差值，定比减压阀能使阀的进、出油口压力之间保持近似恒定的比值，这两种阀一般不单独使用，而是与其他功能的阀组合形成相应的组合阀。定值减压阀简称减压阀，它能使出口压力低于进口压力，并能保持出口压力近似为恒定值。与溢流阀一样，减压阀也分为直动式和先导式。

减压阀在液压系统中，若某支油路所需油压低于主油路时，可在该支路前与主油路之间串联一减压阀，构成一减压油路以获得较低压力。另外，利用减压阀能稳定出口压力这一特点，来稳定系统压力，以减少因压力波动而造成的液控元件的误动作，即减压阀常用于控制油路。

（2）减压阀与溢流阀的区别

减压阀与溢流阀从结构和工作原理上看有很多相似之处，但它们存在着以下区别：

1）减压阀利用出口压力与弹簧力平衡，保持出口压力基本不变；而溢流阀利用进口压力与弹簧平衡，保持进口处压力基本不变。

2）在不工作时，减压阀进、出油口互通，减压阀阀口常开；而溢流阀进、出油口不通，溢流阀口常闭。

3）减压阀的进、出油口均通压力油，所以泄油口要单独外接油箱；而溢流阀的出油口是通油箱的，所以溢流阀的泄漏油可通过阀体上的通道和出油口相通，不必单独外接油箱。

（3）减压阀的应用

1）利用减压阀构成夹紧回路，如图 6—8 所示。泵 1 的供油压力根据主油路的负载由溢流阀 2 调定。夹紧液压缸 6 的工作压力根据它的负载由减压阀 3 调定。单向阀 4 的作用是在主油路压力降低（低于减压阀的调整压力）时，防止油液倒流，起短期保压作用。为保证二次压力（即减压阀出口压力）稳定，减压阀入口压力与出口压力之差最低不得小于 0.5 MPa。另外，若减压回路中执行元件的速度需要调节，可在减压阀的出口串联一流量控制阀。这种连接方法可避免先导减压阀的泄漏量对流量控制阀调定流量的影响。

2）采用带遥控口的先导式减压阀的二级减压回路，如图 6—9 所示。图中将减压阀的遥控口通过二位二通阀 4 与调压阀 5 相连，就可以在减压回路上获得两种预定的较低压力（二次压力）。在图示位置上，二次压力由阀 3 调定为 30×10^5 Pa；当阀 4 切换时，二次压力由阀 5 调定为 15×10^5 Pa。值得指出的是，为了能在减压回路上调出二级压力来，阀 5 的调压值必须小于阀 3。

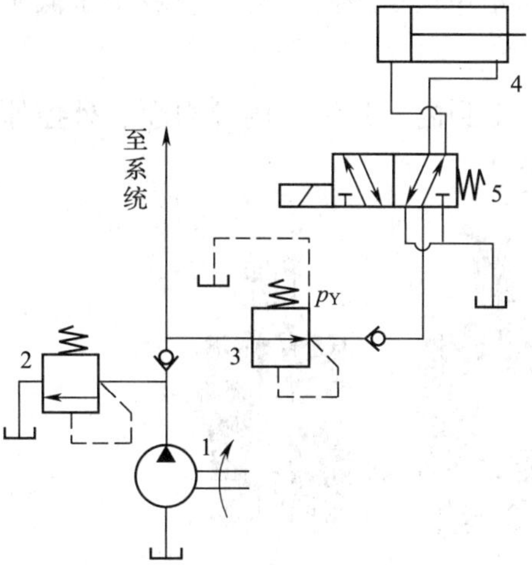

图 6—8　减压阀的夹紧油路

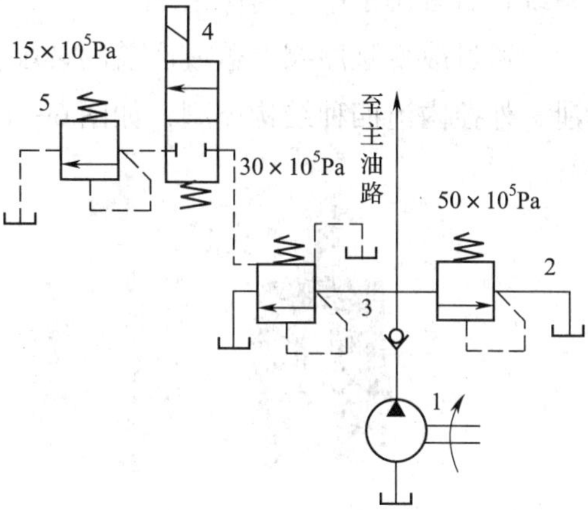

图 6—9　减压阀的二级调压回路

(4) 减压阀常见故障及排除方法

减压阀常见故障及排除方法见表 6—5。

表 6—5　　减压阀常见故障及排除方法

现象	故障原因	排除方法
不起减压作用	①阻尼孔堵塞 ②油液污染 ③主阀芯卡死 ④先导阀方向错装 ⑤泄油口回油不畅或漏接	①疏通阻尼孔 ②更换或过滤液压油 ③清理 ④纠正方向 ⑤泄油口单独回油箱
输出压力波动大	①阻尼孔有时堵塞 ②油液中有空气 ③弹簧刚度太差 ④锥阀与阀座配合不好	①疏通阻尼孔，换油 ②排空气体 ③更换 ④更换
输出压力低	①顶盖处泄漏 ②锥阀与阀座配合不好	①更换密封或拧紧螺钉 ②更换

3. 顺序阀

顺序阀的作用是以压力作为控制信号，自动接通或断开某一支路的液压阀，从而控制执行元件的顺序动作。顺序阀按其控制方式不同可分为内控式顺序阀和外控式顺序阀。内控式顺序阀直接利用阀的进口压力油控制阀的启闭，一般称为顺序阀；外控式顺序阀利用外来的压力油控制阀的启闭，又称为液压顺序阀。按顺序阀的结构不同，又可分为直动式顺序阀和先导式顺序阀，前者一般用于低压系统，后者用于中、高压系统。

通过改变顺序阀上盖或底盖的装配位置可得到内控外泄、内控内泄、外控外泄、外控内泄四种结构类型，如图 6—10 所示。

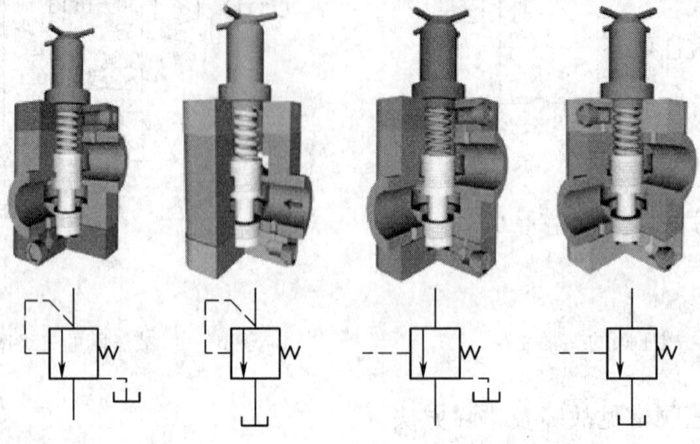

图 6—10　顺序阀的四种结构

a）内控外泄　b）内控内泄　c）外控外泄　d）外控内泄

(1) 顺序阀的工作原理

直动式、先导式顺序阀的结构及工作原理见表 6—6 和表 6—7。

表 6—6　　直动式顺序阀的结构及工作原理

外形图、结构图与图形符号
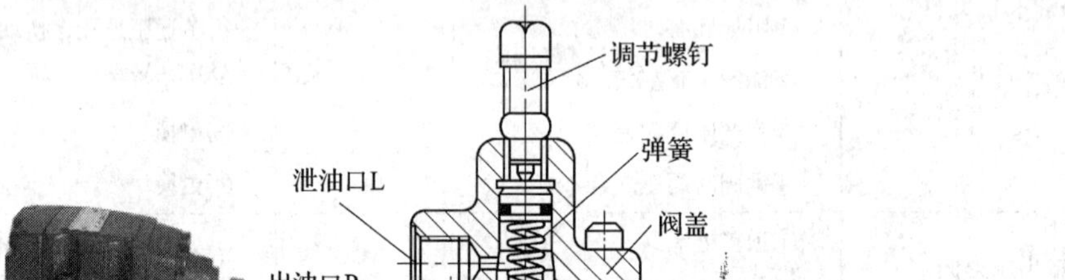

续表

外形图、结构图与图形符号	
工作原理	直动式顺序阀通常为滑阀结构，为减小调压弹簧刚度，不使控制油与阀芯直接接触，而是使它作用在阀芯下端处直径较小的控制活塞上，以减小油压对阀芯的作用力。 工作时，压力油从进油口 P_1 进入，经阀体上的孔道 a 和端盖上的阻尼孔 b 流到控制活塞的底部。当作用在控制活塞上的液压力能克服阀芯上的弹簧力时，顺序阀一直处于关闭状态；一旦超过调定压力，阀口便全开（溢流阀阀口则是微开），压力油进入二次油路（出油口 P_2），驱动另一个执行元件。因此，顺序阀不是稳压阀，而是开关阀，它是一种利用压力的高低控制油路通断的压控开关。 若将图中的端盖旋转 90°安装，切断进油口通向控制活塞下腔的通道，并打开外控口 K，引入控制压力油，便成为外控式顺序阀。外控顺序阀阀口开启与否与阀的进口压力 p_1 的大小没有关系，仅取决于控制压力的大小。 直动式顺序阀结构简单；但由于弹簧和结构设计的限制，虽可采用小直径柱塞，弹簧刚度仍较大，因此调压变差大，且限制了压力的提高。其调压范围一般小于 8 MPa，较高压力时宜采用先导式顺序阀

表 6—7　　先导式顺序阀的结构及工作原理

外形图、结构图与图形符号

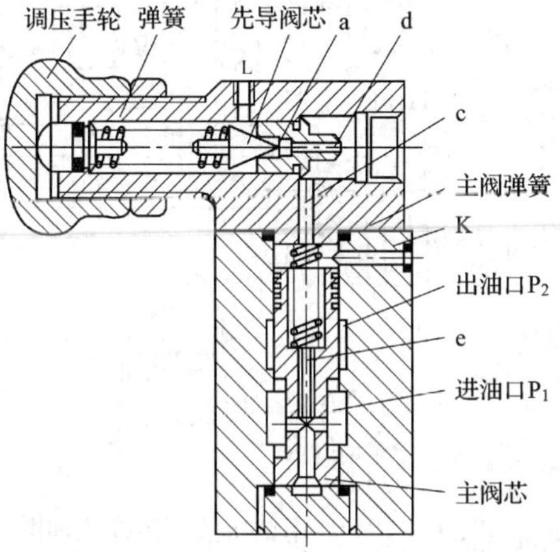

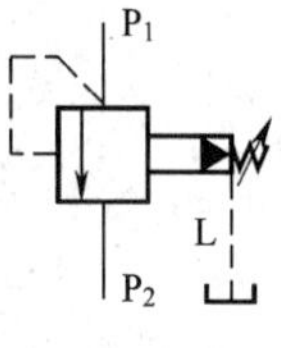

工作原理	
工作原理	与先导式溢流阀相似，先导式顺序阀也由先导阀和主阀两部分组成。 主阀芯在原始位置将进、出油口切断。工作时，压力油经阻尼孔 e 进入主阀上腔并到达先导阀右端。当进口压力 p_1 低于先导阀弹簧调定压力时，先导阀在弹簧力的作用下关闭使得主阀上、下两侧没有压差，主阀关闭，顺序阀无油流出。当进口压力 p_1 大于先导阀弹簧调定压力时，先导阀在右端液压力作用下左移，先导阀油路连通。于是，顺序阀进口压力油经阻尼孔 e、主阀上腔、油路 c、油路 d、先导阀阀口、泄油口 L 流出。由于阻尼孔的存在，主阀上腔压力低于下端（即进口）压力 p_1，主阀芯开启，顺序阀进、出油口相通（此时 $p_1 \approx p_2$）

(2) 顺序阀与溢流阀的区别

将先导式顺序阀和先导式溢流阀进行比较，它们之间有以下不同之处：

1）溢流阀的进口压力在通流状态下其进口压力由出口压力决定，如果出口压力 p_2 比进口压力 p_1 低得多时，p_1 基本不变；而当 p_2 增大到一定程度时，p_1 也随之增加，则 $p_1 = p_2 + \Delta p$，Δp 为顺序阀上的损失压力。

2）溢流阀为内泄方式，泄漏油液直接与出口相通；而顺序阀为外泄方式，需单独引出泄漏通道。

3）溢流阀的出口必须回油箱，顺序阀出口可接负载。

(3) 顺序阀的应用

直动式顺序阀多应用于低压系统，先导式顺序阀则多应用于中、高压系统，具体应用主要有以下几种。

1）用于实现多缸的顺序动作，如钻头的进给和零件的夹紧液压系统控制回路，工作原理如图 6—11 所示。

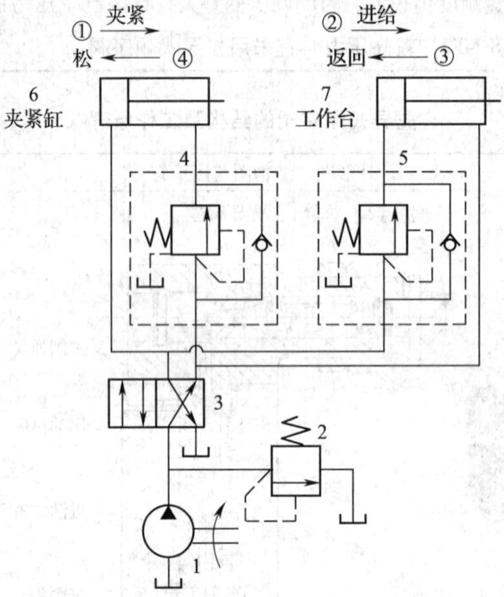

图 6—11　专用钻床液压系统原理图

1—液压泵　2—直动式溢流阀　3—二位四通换向阀　4、5—单向顺序阀　6、7—单杆液压缸

2）作背压阀用。如图 6—12 所示，液压缸工进时，在其回油管路上安装一顺序阀，便起到背压阀作用（$p_2 = p_Y$）。

3）与单向阀组合成单向顺序阀。如图 6—13 所示，图中，阀 4 为单向顺序阀，应用于平衡回路。在平衡回路中保持垂直设置的液压缸 5 不至于因自重而下落，起到平衡作用。

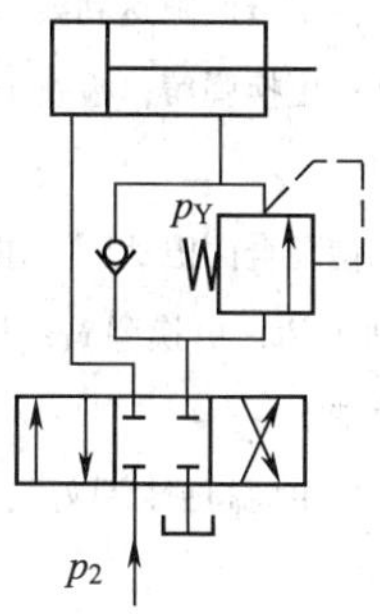

图 6—12　顺序阀作背压阀用

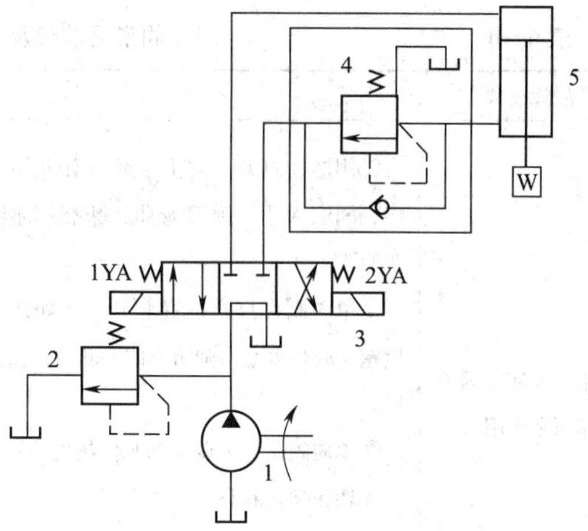

图 6—13　单向顺序阀的平衡回路

1—液压泵　2—溢流阀　3—三位四通电磁换向阀

4—单向顺序阀　5—液压缸

4）作卸荷阀用。将液控顺序阀的出口接通油箱即可作卸荷阀用，如图 6—14 所示。图中，1 为高压小流量泵，2 为低压大流量泵。快速时，泵 1 和泵 2 同时向系统供油，流量大，系统得到高速。此时因无外界负载，系统压力低，液控顺序阀 3 处于关闭状态；工进时，因有外界负载，系统压力升高并大于液控顺序阀 3 的调定压力，阀 3 开启使泵 2 卸荷（此时由泵 1 向系统供油，系统进入慢速工进状态）。

5）作溢流阀用。将直动式顺序阀的进油口接液压泵，出口接油箱，即可作溢流阀使用，如图 6—15 所示。开启溢流时，$P_P = P_Y$。但因阀芯开口突变，故稳定性较差。

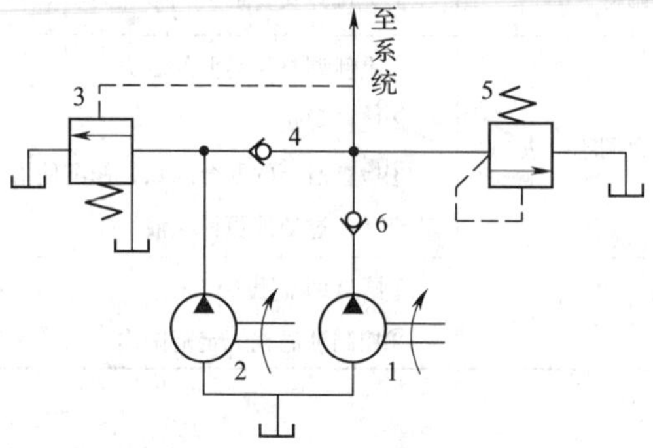

图 6—14　液控顺序阀作卸荷阀用

1、2—液压泵　3—液控顺序阀　4、6—单向阀　5—溢流阀

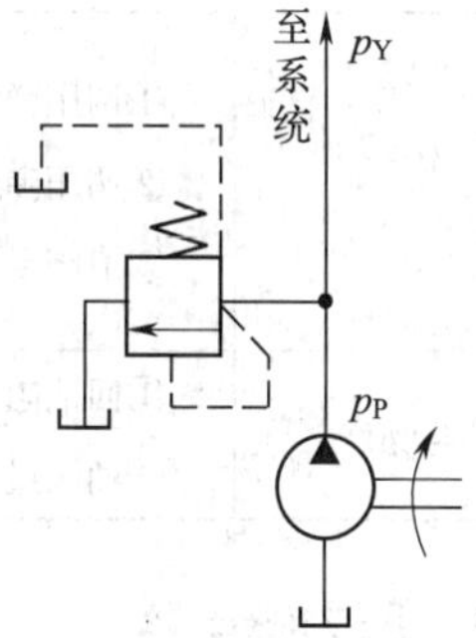

图 6—15　顺序阀作溢流阀用

（4）顺序阀常见故障及排除方法

顺序阀常见故障及排除方法见表 6—8。

表 6—8　　顺序阀常见故障及排除方法

故障现象	产生原因	排除方法
始终出油，因而不起顺序作用	①阀芯在打开位置上卡死（如几何精度差，间隙太小；弹簧弯曲、断裂；油液太脏） ②单向阀在打开位置上卡死（如几何精度差，间隙太小；弹簧弯曲、断裂；油液太脏） ③单向阀密封不良（如几何精度差） ④调压弹簧断裂 ⑤调压弹簧漏装 ⑥未装锥阀或钢球 ⑦锥阀或钢球碎裂	①修理，使配合间隙达到要求，并使阀芯移动灵活；更换弹簧；检查油质，过滤或更换油液 ②修理，使配合间隙达到要求，并使单向阀芯移动灵活；更换弹簧；检查油质，过滤或更换油液 ③修理，使单向阀密封良好 ④更换弹簧 ⑤补装弹簧 ⑥补装 ⑦更换
不出油，因而不起顺序作用	①阀芯在关闭位置上卡死（如几何精度差，弹簧弯曲，油液脏） ②锥阀芯在关闭位置卡死 ③控制油液流通不畅通（如阻尼孔堵死，或遥控管道被压扁堵死） ④遥控压力不足，或下端盖结合处漏油严重 ⑤通向调压阀油路上的阻尼孔被堵死 ⑥泄漏口管道中背压太高，使滑阀不能移动 ⑦调节弹簧太硬，或压力调得太高	①修理，使滑阀移动灵活；更换弹簧；过滤或更换油液 ②修理，使滑阀移动灵活；过滤或更换油液 ③清洗或更换管道，过滤或更换油液 ④提高控制压力，拧紧螺钉并使之受力均匀 ⑤清洗 ⑥泄漏口管道不能接在回油管道上一起回油，应单独排回油箱 ⑦更换弹簧，适当调整压力
调定压力值不符合要求	①调压弹簧调整不当 ②调压弹簧变形，最高压力调不上去 ③滑阀卡死，移动困难	①重新调整所需要的压力 ②更换弹簧 ③检查滑阀的配合间隙，修配使滑阀移动灵活；过滤或更换油液
振动与噪声	①回油阻力（背压）太高 ②油温过高	①降低回油阻力 ②控制油温在规定范围内

4. **压力继电器**

压力继电器的作用是将液压系统中的压力信号转换成电信号，操纵电气元件（如电磁铁等）动作，以实现执行元件的顺序动作或安全保护等。

（1）压力继电器的结构及工作原理

压力继电器的结构及工作原理见表 6—9。

表 6—9　　压力继电器的结构及工作原理

外形图、结构图与图形符号	
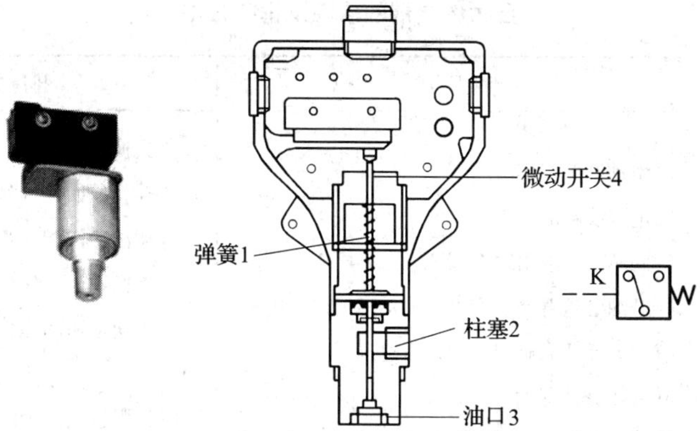	
工作原理	当从继电器下端进油口 3 进入的液体压力达到调定压力值时，推动柱塞 2 上移，此位移通过杠杆放大后推动微动开关 4 动作。改变弹簧 1 的压缩量，可以调节继电器的动作压力

（2）压力继电器的应用

1）采用压力继电器的安全控制回路如图 6—16 所示。当系统压力 p_1（$=p_P$）达到压力继电器事先调定的压力值 p_{KP}时，压力继电器即发出电信号，使由其控制的系统停止工作，从而对系统起安全保护作用。

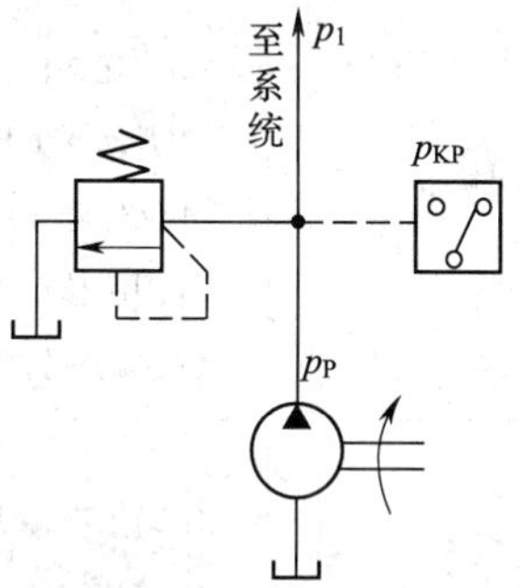

图 6—16　采用压力继电器的安全控制回路

2）采用压力继电器的顺序动作回路如图 6—17 所示。该回路简单，容易改变动作顺序，常用于定位夹紧机构的液压系统。

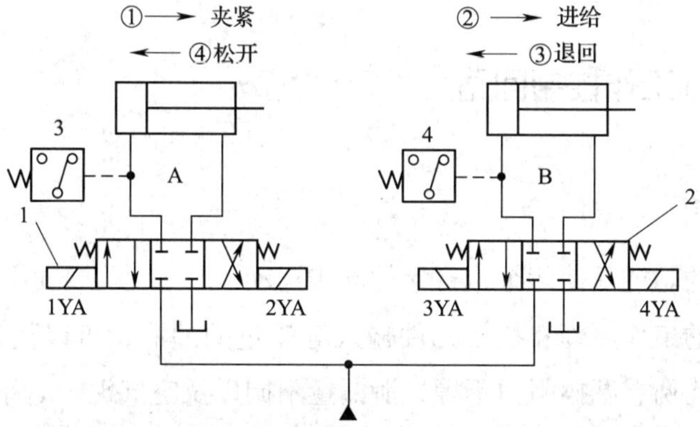

图 6—17　压力继电器控制的顺序动作回路

1、2—三位四通电磁换向阀　3、4—压力继电器

(3) 压力继电器的故障及排除方法

压力继电器的故障及排除方法见表6—10。

表6—10　　压力继电器的故障及排除方法

故障现象	产生原因	排除方法
输出量不合要求或无输出	①微动开关损坏 ②电气线路故障 ③阀芯卡死或阻尼孔堵死 ④进油管道弯曲、变形，使油液流动不畅通 ⑤调节弹簧太硬或压力调得过高 ⑥管接头处漏油 ⑦与微动开关相接的触头未调整好 ⑧弹簧和杠杆装配不良，有卡滞现象	①更换微动开关 ②检查原因，排除故障 ③清洗、修配，直至达到要求 ④更换管子，使油液流通畅通 ⑤更换合适的弹簧或按要求调节压力值 ⑥拧紧接头，消除漏油 ⑦精心调整，使接触点接触良好 ⑧重新装配，使动作灵敏
灵敏度太差	①杠杆轴销处或钢球柱塞处摩擦力过大 ②装配不良，动作不灵活 ③微动开关接触行程太长 ④钢球圆度差 ⑤阀芯移动不灵活 ⑥接触螺钉、杠杆调整不当	①重新装配，使动作灵敏 ②重新装配，使动作灵敏 ③合理调整位置 ④更换钢球 ⑤修理或清洗 ⑥合理调整位置
信号发出太快	①阻尼孔偏大 ②膜片损坏 ③系统冲击大 ④电器系统设计有缺陷	①减小阻尼孔 ②更换膜片 ③增加阻尼，减小冲击 ④重新设计电气系统，增加延时继电器

二、 多缸工作控制回路

1. 同步回路

同步回路的功能是使多个执行元件同步运动。

同步回路的工作原理：执行元件输入等流量的油液，可以使它们同步运动，但由于负载不均衡、摩擦阻力不等、泄漏量不同以及空气混入、结构变形和制造误差不一致等因素的影响，它们不可能达到理想同步，因此，同步回路就是为克服这些因素影响而设置的。

同步回路分为速度同步和位置同步两类。速度同步是指各执行元件的运动速度相等，位置同步是指各执行元件在运动中或停止时都保持相同的位移量。

图6—18 所示为使用调速阀的同步回路，其结构简单，并且可以调速，同步精度一般在5% ~7%，且调整比较麻烦，一般用于对同步精度要求不高的场合。

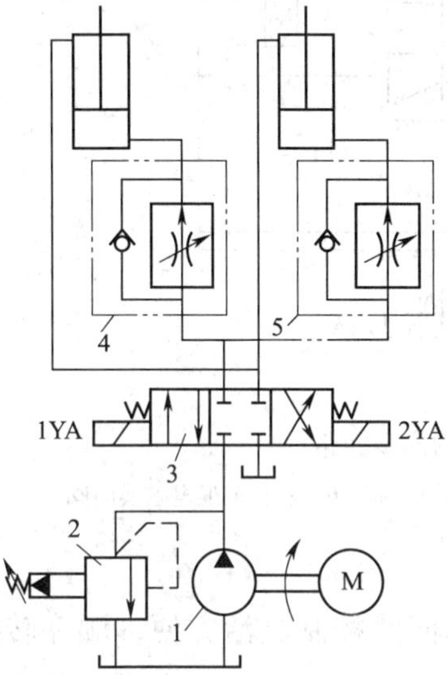

图6—18 使用调速阀的同步回路

1—液压泵 2—先导式溢流阀

3—三位四通电磁换向阀 4、5—单向调速阀

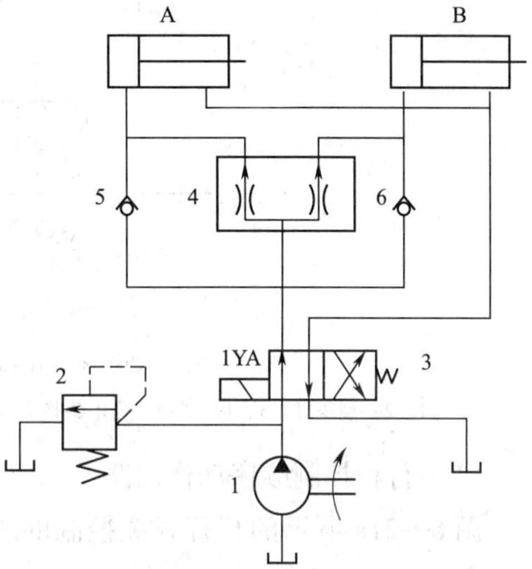

图6—19 使用分流集流阀的同步回路

1—液压泵 2—溢流阀 3—二位四通电磁换向阀

4—分流阀 5、6—单向阀

图6—19 所示为使用分流集流阀的同步回路，该回路同步精度很高。当换向阀3 的1YA 通电时，阀左位工作，压力油经分流阀4 分成两股等量的油液进入缸A 和缸B 左腔，使两缸活塞同步向右运动；当1YA 断电时，换向阀右位工作，压力油进入缸A、B 右腔，左腔油经单向阀5、6 回油箱，活塞返回。分流阀只能实现缸A、B 向右速度同步。

图6—20 所示为使用串联液压缸的同步回路，这种回路泵的供油压力至少是两缸工作压力之和，它只适用于同尺寸液压缸、负载又较小的液压系统。

2. 顺序动作回路

顺序动作回路的功能是使多缸液压系统中的各个液压缸严格地按规定的顺序动作，例如，组合机床回转工作台的抬起和转位、定位夹紧机构的定位和夹紧、进给系统的先夹紧后进给等。

顺序动作回路按控制方式不同可分为行程控制顺序动作回路、压力控制顺序动作回路。

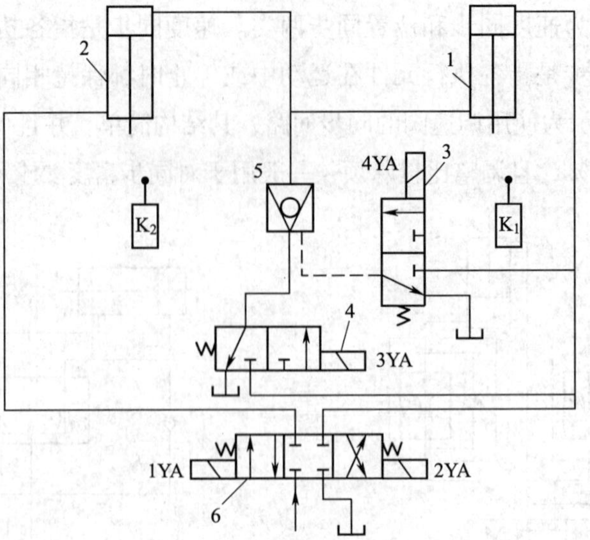

图 6—20　使用串联液压缸的同步回路

1、2—液压缸　3、4—二位三通电磁换向阀　5—液控单向阀　6—三位四通电磁换向阀

(1) 行程控制顺序动作回路

图 6—21a 所示的行程开关控制的顺序动作回路控制灵活方便，顺序转换精度较高，更换顺序方便，容易实现自动控制。但顺序转换时有冲击声，位置精度与工作部件的速度和质量有关。该回路广泛用于机床的液压系统，特别适合动作循环经常要求改变的顺序动作位置精度较高的场合。

图 6—21b 所示的行程阀控制的顺序动作回路工作可靠，顺序接换平稳，但要改变顺序较困难，且管路长压力损失大，不易安装，主要用于专用机械的液压系统。

(2) 压力控制顺序动作回路

图 6—17 所示是压力继电器控制顺序回路，该回路简单、容易改变动作顺序，常用于定位夹紧机构的液压系统。

图 6—22 所示的用顺序阀控制的顺序动作回路的可靠性取决于顺序阀的性能及其压力调定值，其调定压力应比前一个动作的液压缸工作压力高出 0.8 ~ 1.0 MPa，否则顺序阀易在系统压力脉冲中造成误动作。其优点是动作灵敏，安装连接较方便；但可靠性不高，位置精度低。该回路适用于液压缸数目不多、负载变化不大的场合。

3. 互锁回路

图 6—23 所示为互锁回路，其工作原理是：当三位六通电磁阀 5 处于中位时缸 B 停止，液动换向阀 1 液控腔经阀 5 中位通油箱，阀 1 复位接通，这时压力油

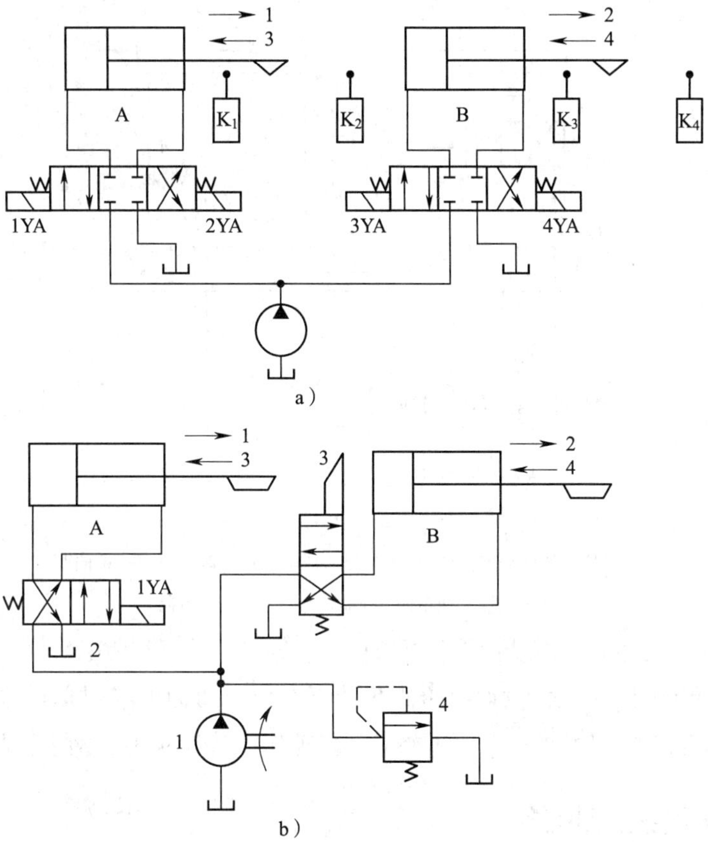

图 6—21　行程阀控制的顺序动作回路

1—液压泵　2—二位四通电磁换向阀　3—行程阀　4—直动式溢流阀

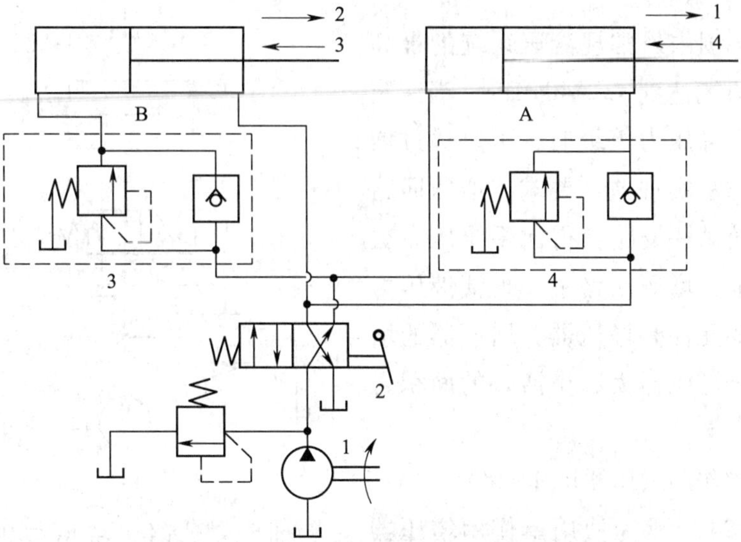

图 6—22　顺序阀控制的顺序动作回路

1—液压泵　2—二位四通手动换向阀　3、4—单向顺序阀

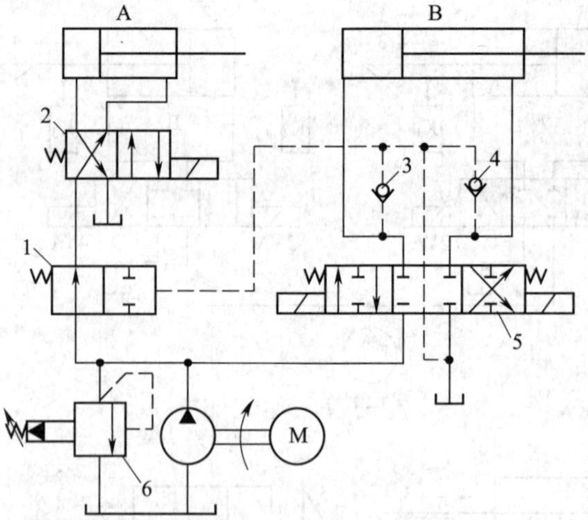

图 6—23　互锁回路

1—二位二通液控换向阀　2—二位四通电磁换向阀　3、4—单向阀
5—三位六通电磁换向阀　6—先导式溢流阀

可经阀 1、阀 2 进入缸 A 使其工作。当缸 B 工作时，三位六通电磁阀 5 处于左位时压力油经过单向阀 3、三位六通电磁阀 5 处于右位时压力油经过单向阀 4 都可以使阀 1 动作，切断缸 A 的进油路，使缸 A 不能动作，从而实现了两个缸的互锁。

三、其他控制回路

1. 增压回路

目前，国内外常规液压系统的最高压力等级只能达到 32 ~ 40 MPa，当液压系统需要更高压力等级时，可以通过增压回路等方法实现这一要求。增压回路用来使系统某一支路获得比系统压力更高的压力油，增压回路中实现油液压力放大的主要元件是增压器，增压器的增压比取决于增压器大、小活塞的面积之比。

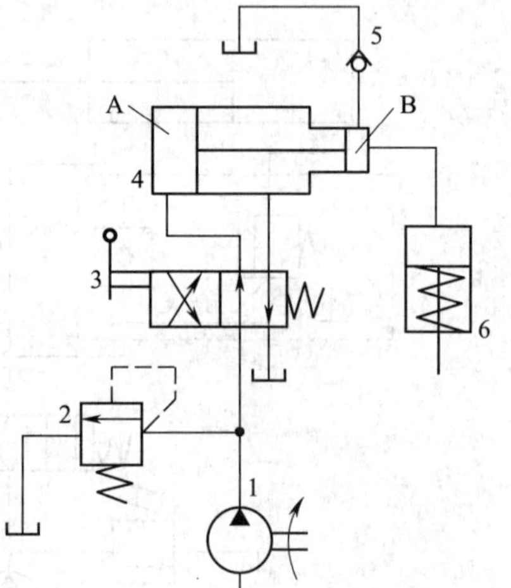

图 6—24　单作用增压器增压回路

1—液压泵　2—溢流阀　3—二位四通手动换向阀
4—增压阀　5—单向阀　6—液压缸

（1）单作用增压器增压回路

图 6—24 所示为使用单作用增压器的增压回路，它适用于单向作用力大、行程小、作业时间短的场合，如制动器、

离合器。其工作原理如下：当换向阀 3 处于右位时，增压器 4 输出压力为 $p_2=p_1\frac{S_A}{S_B}$（S_A、S_B 为 A、B 活塞面积）的压力油进入工作缸 6；当换向阀处于左位时，工作缸 6 靠弹簧力回程，高位油箱的油液在大气压力下经油管顶开单向阀向增压器 4 右腔补油。采用这种增压方式，液压缸不能连续稳定地输出高压油。

（2）双作用增压器增压回路

图 6—25 所示为双作用增压器的增压回路，它能连续输出高压油，适用于增压行程要求较长的场合。当工作缸 4 向左运动遇到较大负载时，系统压力升高，油液经顺序阀 1 进入双作用增压器 2，增压器活塞不论向左或向右运动，均能输出高压油，只要换向阀 3 不断切换，增压器 2 就不断往复运动，高压油就连续经单向阀 7 或 8 进入工作缸 4 右腔，此时单向阀 5 或 6 有效地隔开了增压器的高、低压油路。工作缸 4 向右运动时增压回路不起作用。

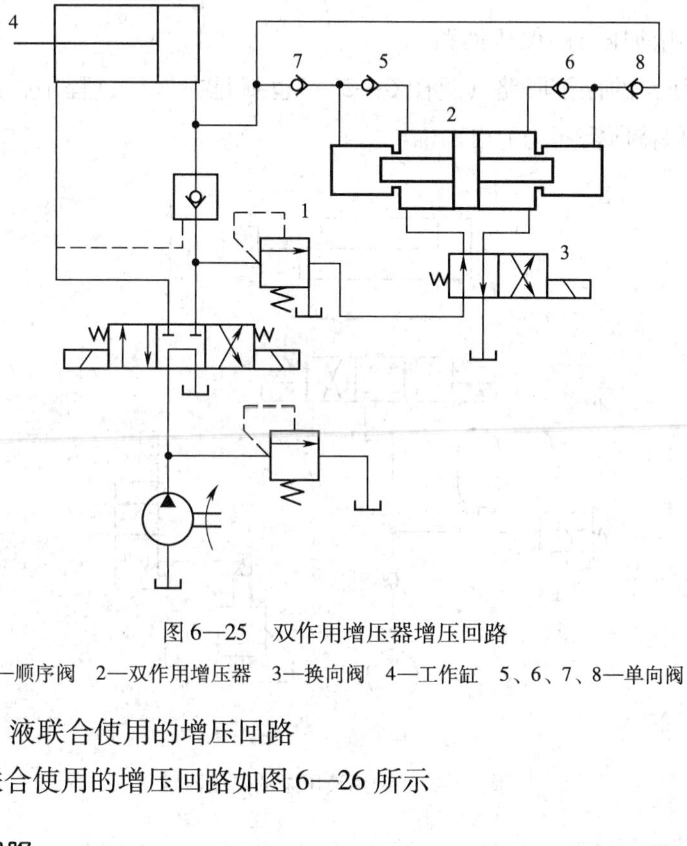

图 6—25　双作用增压器增压回路

1—顺序阀　2—双作用增压器　3—换向阀　4—工作缸　5、6、7、8—单向阀

（3）气、液联合使用的增压回路

气、液联合使用的增压回路如图 6—26 所示

2. 保压回路

所谓保压回路，是指使系统在液压缸不动或仅有工件变形所产生的微小位移的情况下，稳定地维持压力。

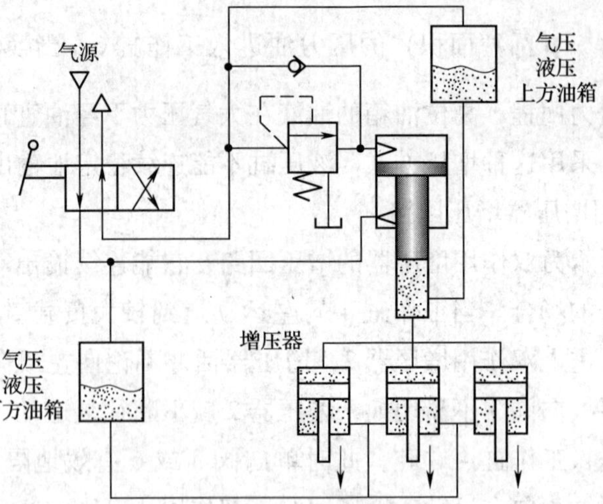

图 6—26　气、液联合使用的增压回路

（1）利用液压泵的保压回路

利用液压泵的保压回路（见图 6—27）也就是在保压过程中，液压泵仍以较高的压力（保持所需压力）工作。

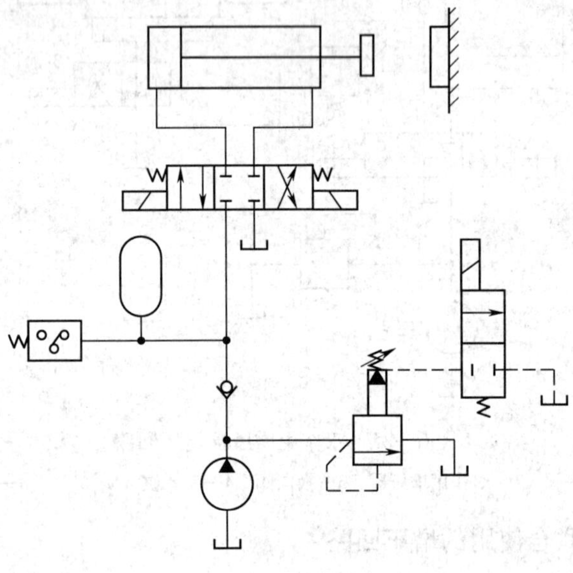

图 6—27　利用液压泵的保压回路

（2）利用蓄能器的保压回路

利用蓄能器的保压回路是指借助蓄能器来保持系统压力，补偿系统泄漏的回路。图 6—28 所示为利用虎钳对工件进行夹紧。

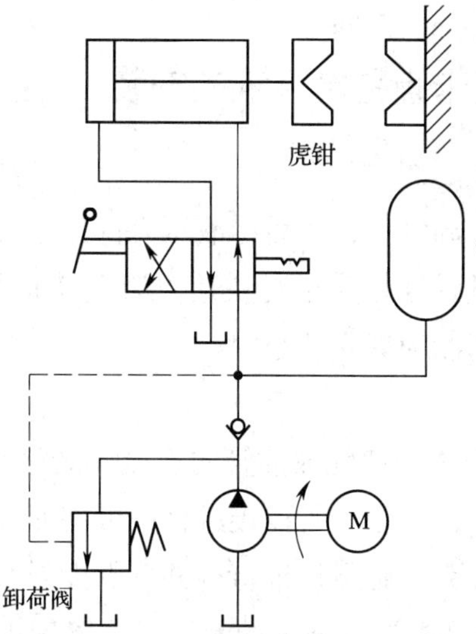

图 6—28　利用蓄能器的保压回路

任务实施

一、 数控车床液压卡盘控制系统的工作原理分析

数控车床液压卡盘控制系统如图 6—1 所示。

正常加紧时，1YA 通电，二位四通电磁换向阀 7 处于右位工作位置，2YA 不通电，二位二通电磁换向阀关闭，此时，来自液压泵的压力油经减压阀 2 调压后，再经单向阀 3 通过二位四通电磁换向阀 7 进入液压缸 8 右腔，活塞 9 向左移动，工件夹紧，左腔的油经二位四通电磁换向阀 7 流回油箱。

夹薄壁类特殊工件时，1YA 通电，二位四通电磁换向阀 7 处于右位工作位置，同时 2YA 通电，二位二通电磁换向阀 4 导通，这时，来自液压泵的压力油经减压阀 2 后再经单向阀流出，因二位二通电磁换向阀 4 处于导通的状态，因此，进入二位四通电磁换向阀 7 的油液压力由溢流阀 5 控制，经溢流阀控制的压力油进入液压缸 8 的右腔，活塞 9 向左移动，完成夹紧动作，左腔的油经二位四通电磁换向阀 7 流回油箱。

注意事项：上述液压卡盘液压回路中，溢流阀 6 的调定压力应大于溢流阀 5 的调定压力，而溢流阀 5 的调定压力应小于减压阀调定的输出压力，否则系统将不能正常工作。

二、 数控车床液压卡盘控制系统的安装

步骤1，元件布局。

首先根据原理图进行布局设计，然后将液压元件按布局位置安装固定在液压试验台的安装面板上。通过弹性插脚进行快速安装，应将所有的插脚对准插孔，然后平行推入，并轻轻摇动以确保安装稳固。

步骤2，油路连接。

参考图6—1，按油路逻辑顺序完成油管的连接，注意各液压元件的油口标示字母及其含义，不能接错、接反。油管连接过程中可将元件从铭板上拆下接好后再原位安装。油管全部连接完毕必须仔细检查并确保无误。

步骤3，电源回路接线（参考任务1的专用平面磨床工作台液压系统的安装的接线要求）。

三、 数控车床液压卡盘控制系统的调试

步骤1，液压回路的检查。

（1）根据液压回路的原理图，对照油管的接线进行检查。检查液压元件、管路等连接是否正确、可靠，安装错了的予以更正。

（2）根据电气原理图，检查电气接线回路。

（3）查看液位计，油位应在油箱标尺的上、下限范围之间。

步骤2，液压系统的启动。

（1）旋松溢流阀手柄，适当拧紧安全阀手柄，使溢流阀调至最低工作压力，流量阀调至最小，合上电源。

（2）查看电动机的转向是否正确，应点击“启动”按钮。

（3）先点动泵，观察油泵转向是否正确，电源接反不但无油液输出，有时还可能出事故，因此切记运转开始时只能点动。待泵声音正常并连续输出油液以及无其他不正常现象时，方可投入连续运转和空载调试。

（4）点动没问题后，启动油泵，空转10 min后，逐渐分挡调节溢流阀升压（每挡1～2 MPa，时间间隔1 min），直到溢流阀的调定值。

步骤3，液压回路调试。

所有管路连接好后，先检查溢流阀压力是否为零，若不为零，需先调至为零，再按电控箱上“泵启动”按钮启动油泵。启动总电源及油泵后应作一次急停回路试验，确认急停按钮功能正常，且油泵空转10 min后可进行调试。逐渐均匀

升压加速，具体操作方法是：反复拧紧又立即旋松溢流阀、流量阀等的压力或流量调节手柄数次，并通过压力表观察压力的升降变化情况和执行元件的速度变化情况，油泵的发热、振动和噪声等状况，发现问题要及时分析解决。如有异常情况按电控箱上的“急停”按钮。

步骤4，调节压力控制阀，观察压力表的变化。

步骤5，认真做好记录，理解压力控制回路的工作原理。

四、 数控车床液压卡盘控制系统的拆除

步骤1，将液压泵调至回油模式运转几分钟，使各液压元件和油管中滞留的油液退回油箱。

步骤2，关闭液压泵电动机，断开并拆除所有电气连接。

步骤3，从顶部开始一次拆除所有可拆卸元件及油管，注意尽可能地避免油液泄漏。拔出阀体时注意要顺着插孔方向，禁止斜方向扳动以防止损坏插脚。元件拆下后应倒出其内部油液，清洁外表面油渍，放回原处。

任务拓展

液压缸串联同步动作回路的安装

1. 任务要求

液压缸串联同步动作回路的安装要求如下：

（1）根据图6—29备料，按要求选用溢流阀、换向阀、顺序阀等。

（2）在规定的时间内完成液压缸串联同步回路的安装，能合理选用液压元件，合理布置各个液压元件的安装位置，掌握液压元件间的连接要求。

（3）进行溢流阀、顺序阀的压力调试。图6—29中，溢流阀2的调定压力为5 MPa，溢流阀5的调定压力为5.5 MPa，顺序阀4的调定压力为4.8 MPa。

2. 实施步骤

回路安装步骤如下：

步骤1，根据训练课题要求准备液压泵、液压阀、液压缸等液压元件，以及安装需要的使用工具。

步骤2，将所选液压元件固定在安装板上。

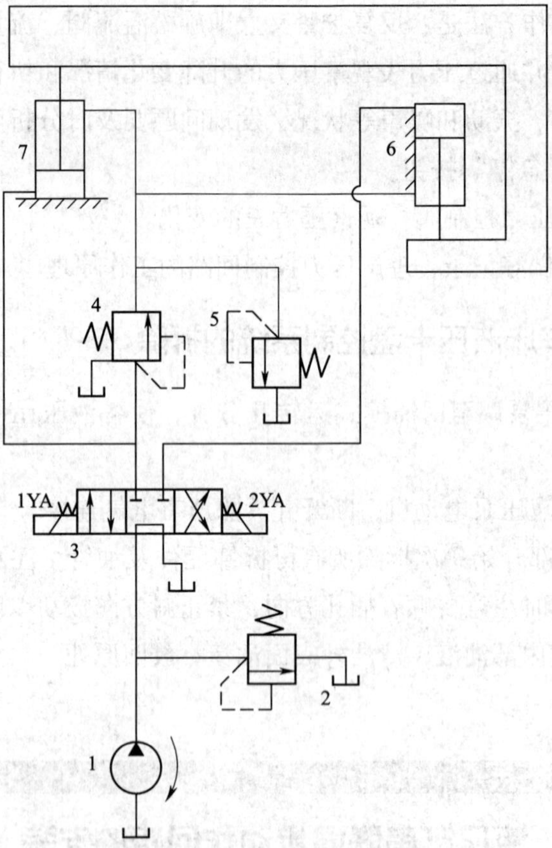

图 6—29　液压缸串联同步动作回路

1—液压泵　2—溢流阀　3—三位四通电磁换向阀　4—顺序阀　5—溢流阀　6、7—液压缸

步骤 3，用液压软管连接液压元件，并连接电路。

步骤 4，对照液压系统图检查油路是否正确，各个接口是否可靠、是否符合技术要求。

步骤 5，按点动启动电动机，分步调试溢流阀、顺序阀至调定压力值。

步骤 6，换向阀电磁铁通电，观察液压缸的动作。

回路拆除步骤如下：

步骤 1，将液压泵调至回油模式运转几分钟，使各液压元件和油管中滞留的油液退回油箱。

步骤 2，关闭液压泵电动机，断开并拆除所有电气连接。

步骤 3，从顶部开始一次拆除所有可拆卸元件及油管，注意尽可能地避免油液泄漏。

步骤 4，拔出阀体时注意要顺着插孔方向，禁止斜方向扳动以防止损坏插脚。元件拆下后应倒出其内部油液，清洁外表面油迹，放回原处。

思考与练习

1. 什么是压力控制阀？它们是怎样工作的？
2. 溢流阀有哪些功能？

任务七　液压系统的综合应用

任务描述

组合机床能完成钻、扩、铰、镗、铣、攻丝等加工工序，动力滑台是组合机床的通用部件，上面安装有各种旋转刀具，通过液压系统使滑台按规定动作循环完成进给运动。图 7—1 所示为动力滑台液压系统。液压动力滑台对液压系统性能的主要要求是速度换接平稳，进给速度稳定，功率利用合理。本任务要求能掌握动力滑台液压系统的工作原理和特点，能结合工作循环图、电磁铁动作顺序表写出进、回油路线，分析液压系统的工作过程，并能对液压动力滑台进行安装与调试。

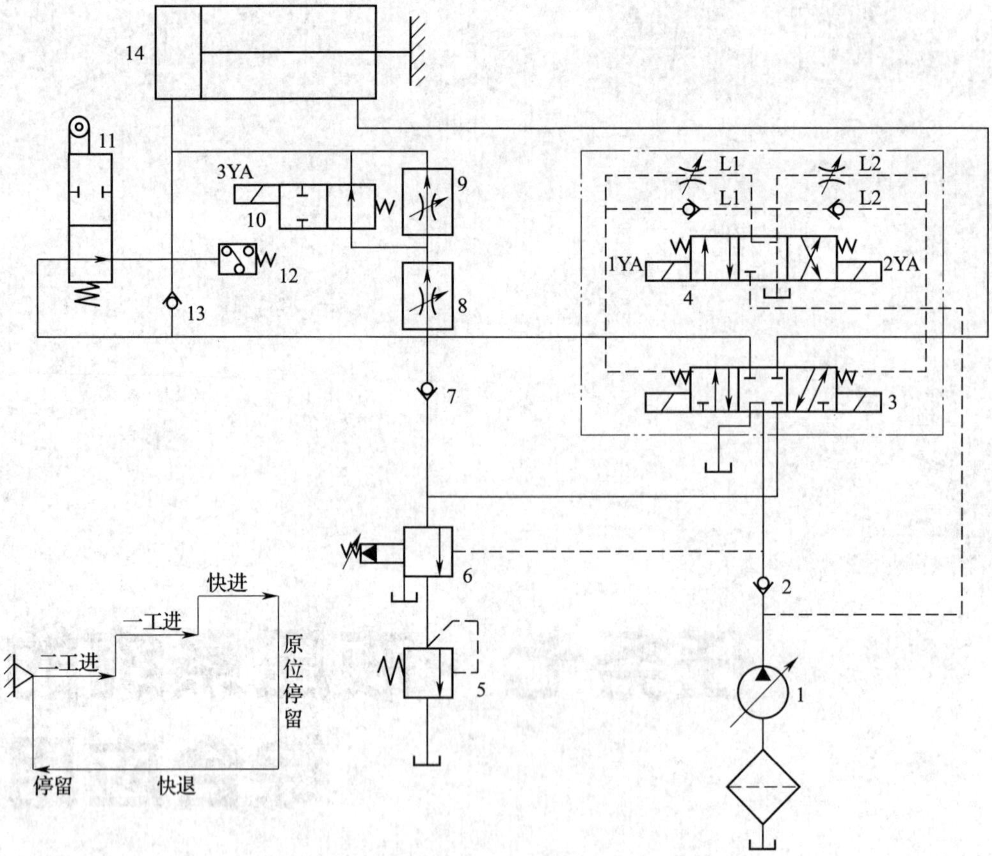

图 7—1　YT4543 型动力滑台液压系统

1—液压泵　2、7、13—单向阀　3—三位五通液动换向阀　4—三位四通电磁换向阀

5—背压阀　6—液控顺序阀　8、9—调速阀　10—二位二通电磁换向阀

11—行程阀　12—压力继电器

任务分析

一、学习目标

1. 能够分析液压动力滑台系统的工作原理，能读懂液压动力滑台回路图。

2. 能掌握启动规程与操作要领，能正常启动及运行液压动力滑台的液压系统。

3. 掌握动力滑台液压系统的工作原理和特点，能结合工作循环图、电磁铁动作顺序表写出进、回油路线，分析液压系统的工作过程。

4. 能分析液压系统所使用的元件在该系统中的作用，分析系统中所使用的基本回路，能总结液压系统的特点。

5. 学会动力滑台液压系统的安装和调整方法。

二、工作过程与学习活动

1. 相关知识（液压动力滑台液压回路原理图的分析以及液压系统故障的判断及排除）。

2. 任务实施（动力滑台液压系统的安装与调试）。

3. 任务拓展（数控车床液压系统的安装与调试）。

建议学时

8 学时。

> 1. 如何识读液压系统图？
> 2. 组合机床的动力滑台液压系统可以实现什么功能？

相关知识

一、液压动力滑台液压回路原理图的分析

液压动力滑台是组合机床上用以实现进给运动的通用件，滑台上可安装动力箱、多轴箱及各种专用切削刀具等，如图 7—2 所示。

组合机床一般为多刀加工，切削负荷变化大，快慢速差异大。要求切削时速度低而平稳，空程进退速度快，快慢速度转换平稳。该系统效率高，发热少，功率利用合理。

1. 组合机床的结构

组合机床如图 7—3 所示。

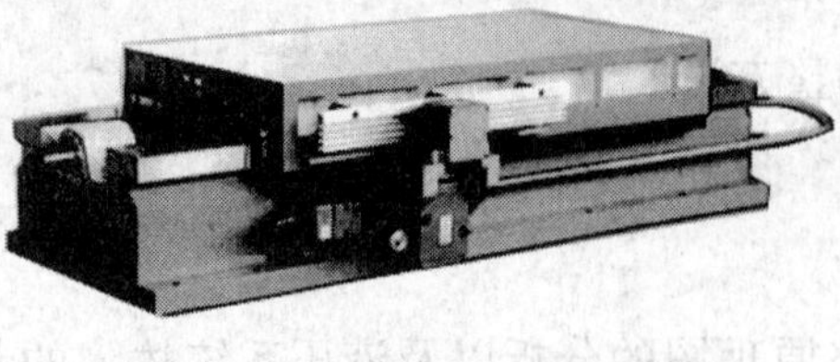

图 7—2　组合机床的动力滑台

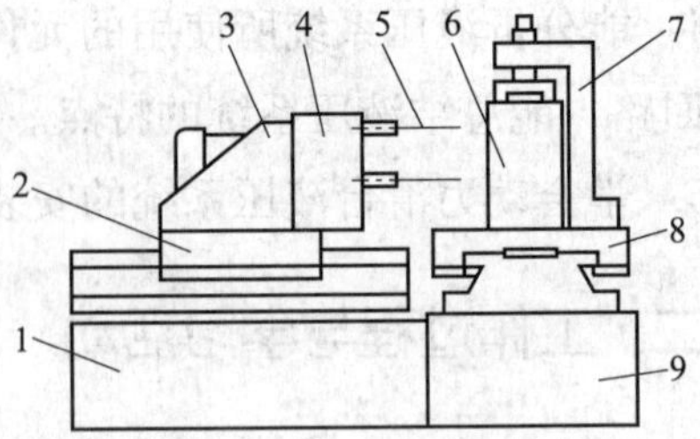

图 7—3　组合机床

1—床身　2—动力滑台　3—动力头　4—主轴箱
5—刀具　6—工件　7—夹具
8—工作台　9—底座

2. 动力滑台液压系统简介

图 7—1 所示为液压动力滑台的液压系统，该系统采用限压式变量泵供油，电液换向阀换向，快进由液压缸差动连接来完成，用压力继电器控制动作顺序，用二位二通电磁换向阀控制两个串联调速阀进行两个工进速度之间的转换，是只有一个单杆活塞缸的中压系统。该系统能够实现“快进→第一次工进→第二次工进→止位块停留→快退→原位停止”。

3. 动力滑台液压系统的常用元件及作用

动力滑台液压系统的常用元件及作用见表 7—1。

表 7—1　动力滑台液压系统的常用元件及作用

名称	作用
单向阀 2	防止系统的油液倒流；在滑台原位停止时，使控制油路保持一定的压力，用以控制三位五通换向阀的启动
单向阀 7	液压缸工进时将进油路与回油路隔开
单向阀 13	实现快退回油
溢流阀 5	作背压阀用，使工进速度较平稳
顺序阀 6	快进时关闭，使液压缸形成差动连接；工进时打开，让回油流回油箱
压力继电器 12	控制电液换向阀，使液压缸快速退回
调速阀 8	一工进调速
调速阀 9	二工进调速

4. 动力滑台液压系统的工作原理

（1）快进

动力滑台液压系统（快进）如图 7—4 所示。按下启动按钮，电磁铁 1YA 得电，电液换向阀左位接入系统，顺序阀 6 关闭，泵 1 输出大流量，缸 14 两腔连通，实现差动快进，其油路如下。

进油路：过滤器→泵 1→单向阀 2→电液换向阀左位→ 行程阀 11→缸 14 左腔。

回油路：缸 14 右腔→电液换向阀→单向阀 7→行程阀 11→缸 14 左腔。

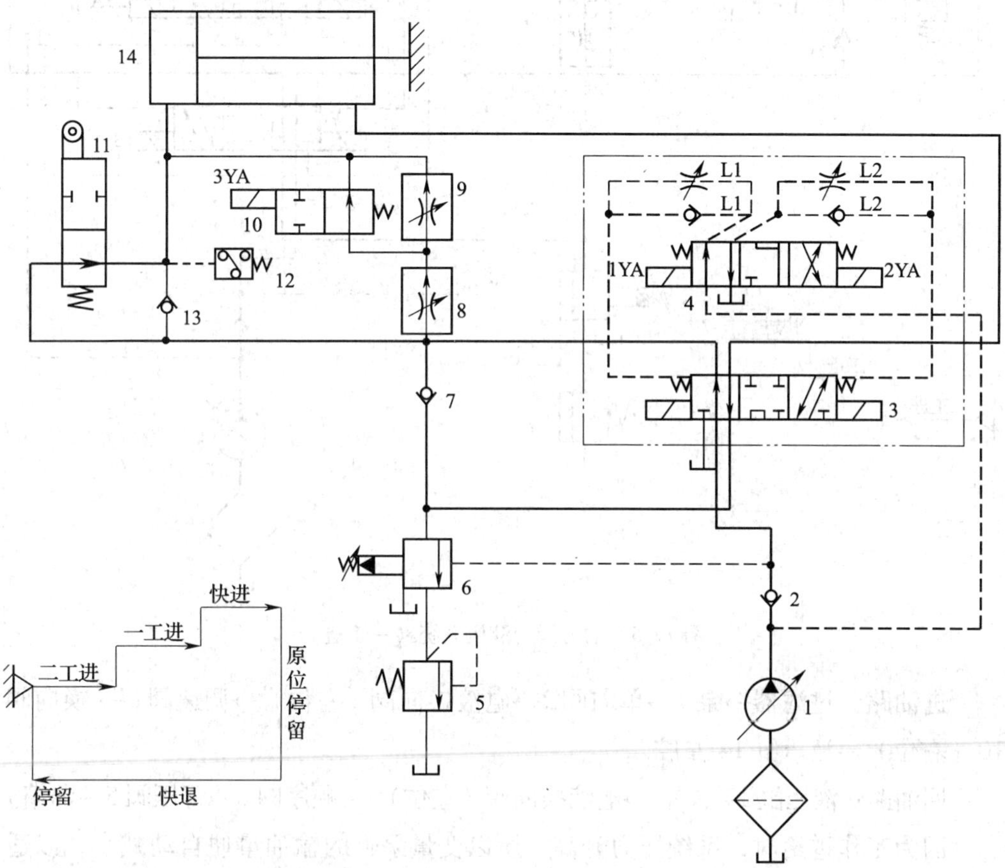

图 7—4　动力滑台液压系统（快进）

（2）第一次工作进给

动力滑台液压系统（一工进）如图 7—5 所示。当滑台快速运动到预定位置时，滑台上的行程挡块压下了行程阀 11 的阀芯，切断了该通道，使压力油须经调速阀 8 和阀 10（右位）进入液压缸 14 的左腔。由于油液流经调速阀，系统压力上升，泵 1 输出小流量，打开液控顺序阀 6，此时单向阀 7 的上部压力大于下部压力，所以单向阀 7 关闭，切断了液压缸的差动回路，回油经液控顺序阀 6 和背压阀 5 流回油箱使滑台转换为第一次工作进给，其油路如下。

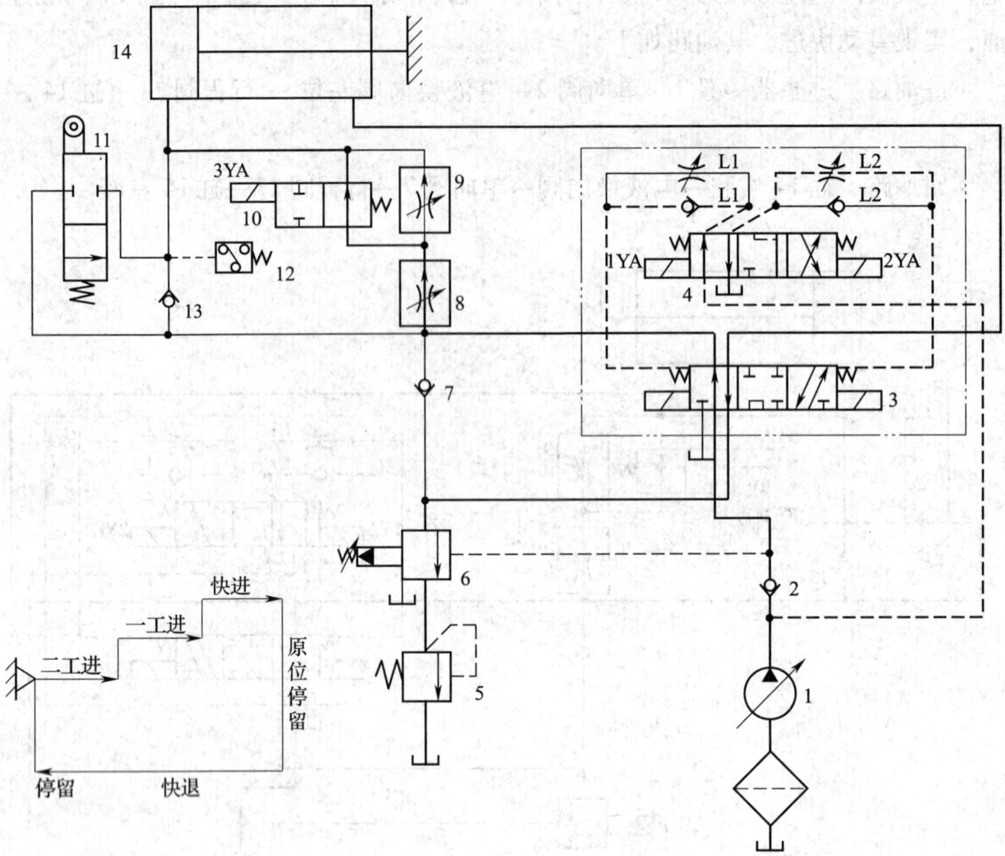

图 7—5　动力滑台液压系统（一工进）

进油路：过滤器→泵 1→单向阀 2→电液换向阀（左位）→调速阀 8→ 换向阀 10（右位）→液压缸 14 左腔。

回油路：液压缸 14 右腔 →电液换向阀（左位）→ 顺序阀 6→背压阀 5→油箱。

因为工作进给时，系统压力升高，所以变量泵 1 的输油量便自动减小，以适应工作进给的需要，进给量大小由调速阀 8 调节。

（3）第二次工作进给

动力滑台液压系统（二工进）如图 7—6 所示。第一次工进结束后，行程挡块压下行程开关使 3YA 通电，二位二通换向阀 10 将通路切断，进油必须经调速阀 8、9 才能进入液压缸，此时由于调速阀 9 的开口量小于调速阀 8，所以进给速度再次降低，其他油路情况同一工进，其油路如下。

进油路：过滤器→泵 1→单向阀 2→电液换向阀（左）→调速阀 8→调速阀 9→缸 14 左腔。

回油路：同一工进。

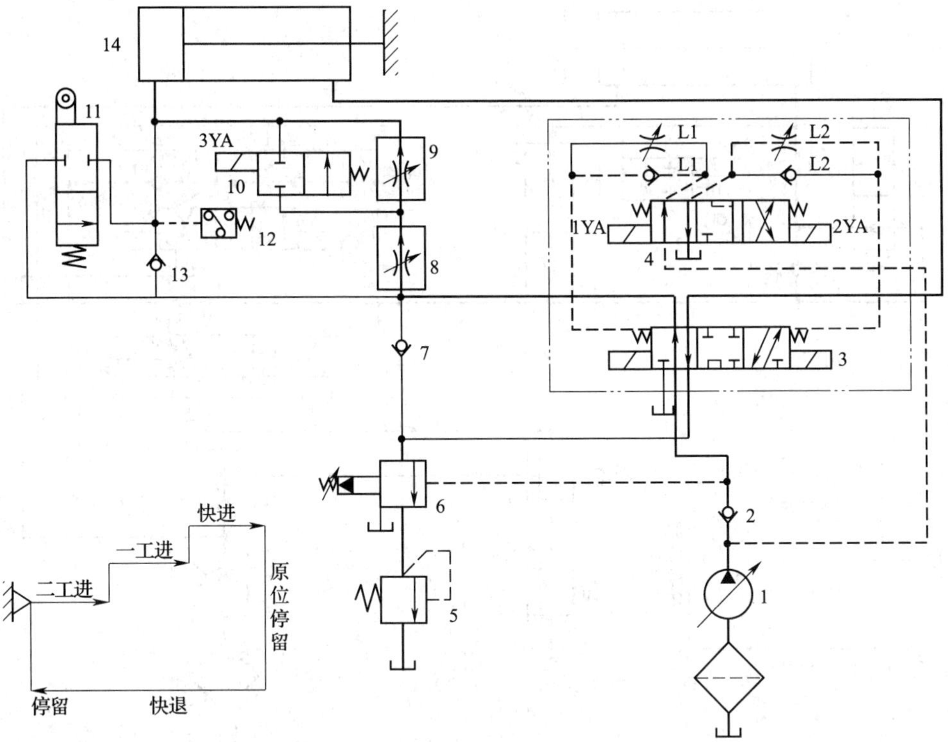

图 7—6　动力滑台液压系统（二工进）

（4）止位块停留

当滑台工作进给完毕之后，碰上止位块的滑台不再前进，停留在止位块处，同时系统压力升高，当升高到压力继电器 12 的调整值时，压力继电器动作，经过时间继电器的延时，再发出信号使滑台返回，滑台的停留时间可由时间继电器在一定范围内调整。这时的油路同第二次工进的油路，系统内油液已停止流动，泵仅用于补充泄漏油。

（5）快速退回

动力滑台液压系统（快退）如图 7—7 所示。时间继电器经延时发出信号，2YA 通电，1YA、3YA 断电。电液换向阀右位接入系统。因负载小，系统压力低，泵输出大流量，滑台快退，其油路如下。

进油路：过滤器→泵 1→单向阀 2→电液换向阀（右）→液压缸 14 右腔。

回油路：液压缸 14 左腔→单向阀 13→电液换向阀（右位）→油箱。

（6）原位停止

动力滑台液压系统（原位停止）如图 7—8 所示。当滑台退回到原位时，行程挡块压下行程开关，发出信号，使 2YA 断电，电液换向阀处于中位，液压缸失去液压动力源，滑台停止运动，并被锁紧在起始位置上，液压泵出口压力升高，流量减到最小，输出功率接近于零。

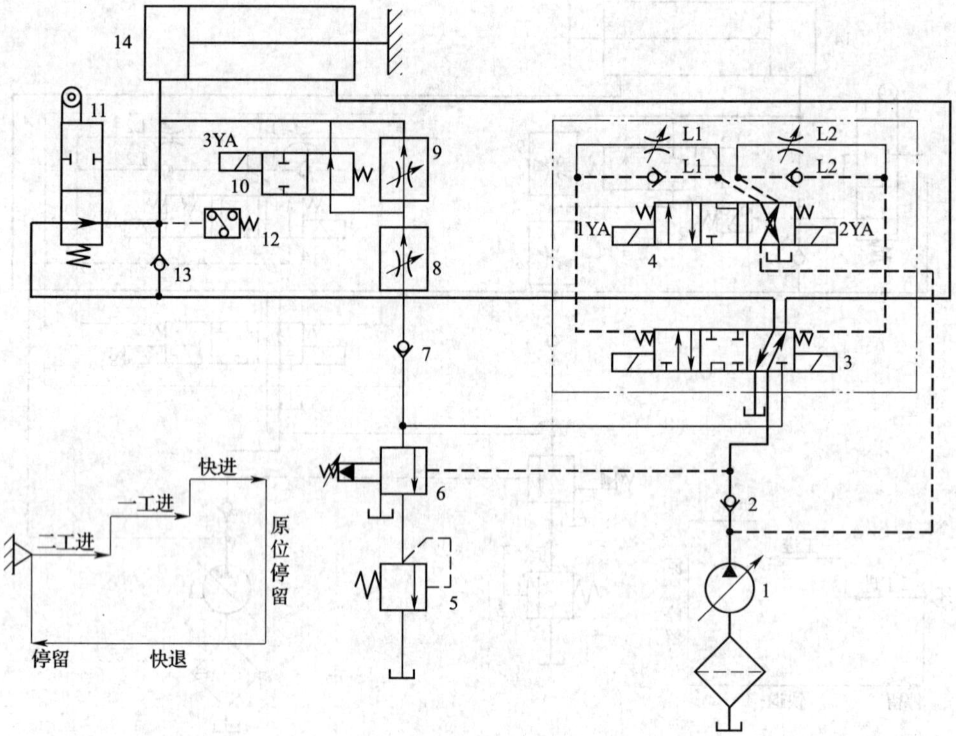

图 7—7 动力滑台液压系统（快退）

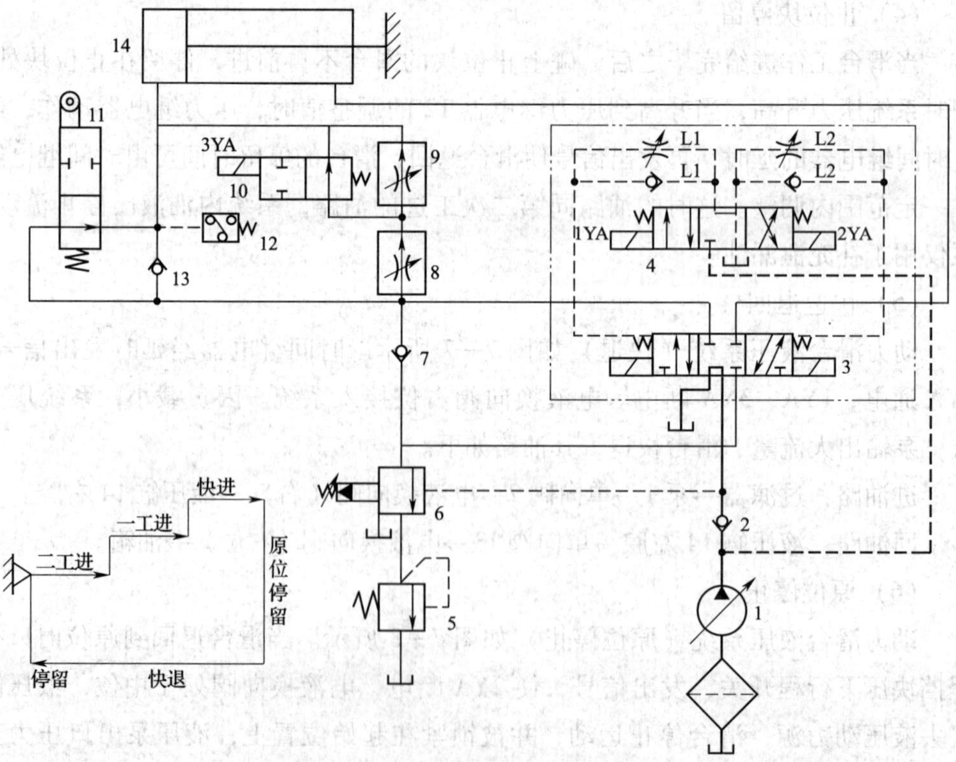

图 7—8 动力滑台液压系统（原位停留）

(7) 电磁铁动作顺序

电磁铁动作顺序见表7—2。

表7—2　　电磁铁动作顺序

动作＼电磁铁	1YA	2YA	3YA	压力继电器12	行程阀11
快进（差动）	+	−	−	−	导通
一工进	+	−	−	−	切断
二工进	+	−	+	−	切断
止位块停留	+	−	+	+	切断
快退	−	+	±	−	切断—导通
原位停留	−	−	−	−	导通

5. 动力滑台液压系统的特点

(1) 采用限压式变量泵、调速阀和背压阀组成的容积调速回路，使动力滑台获得稳定的低速运动、较高的调速刚度和较大的速度范围。

(2) 采用限压式变量泵和差动连接回路，主换向阀采用了三位五通阀，因此，换向阀左位工作时能使缸右腔的回油又返回缸的左腔，从而使液压缸两腔同时通压力油，实现差动快进。这种回路简便、可靠。

(3) 采用行程阀和顺序阀实现速度的切换，动作平稳可靠，无冲击，且位置准确。

(4) 采用压力继电器控制动作顺序。滑台工进结束时液压缸碰到止位块时，缸内工作压力升高，因而采用压力继电器发信号，使滑台反向退回，方便、可靠。止位块的采用还能提高滑台工进结束时的位置精度，以及进行刮端面、锪孔、镗台阶孔等工序的加工。

6. 动力滑台液压系统基本回路的特点

(1) 调速回路。由限压式变量叶片泵和进油路调速阀组成的容积节流调速回路，回油路串联有背压阀。

(2) 快速运动回路。采用限压式变量泵在低压时输出的流量大的特点，并采用差动连接来实现快速前进。

(3) 换向回路。电液换向阀实现换向，采用电液动换向阀实现换向，并由压力继电器与时间继电器发出的电信号控制换向信号，换向平稳可靠。

(4) 快速运动与工作进给的换接回路。采用行程换向阀实现速度的换接，同时利用换向后系统中的压力升高使液控顺序阀接通，系统由快速运动的差动连接转换为使回油直接排回油箱。

（5）两种工作进给的换接回路。采用了两个调速阀串联的回路结构。

（6）卸荷回路。采用中位 M 型机能的电液换向阀的卸荷回路。

二、液压系统故障的判断及排除

1. 液压系统的故障判断

液压系统的故障是多种多样的，当液压系统出现故障时，绝不能毫无目标地乱拆，更不可能把所有元件都拆下，设备检修人员可通过“四觉诊断法”分析判断故障产生的部位和原因。

（1）触觉。检修人员根据触觉来判断油温的高低和振动的大小。

（2）视觉。机构运动无力、运动不稳定、泄漏和油液变色等现象，检修人员若有一定经验，可以凭视觉判断。

（3）听觉。根据液压泵和液压马达的异常声响、溢流阀的尖叫声及油管的振动等来判断噪声和振动的大小。

（4）嗅觉。通过嗅觉，判断油液变质和液压泵发热烧结等故障。

2. 液压系统故障的逻辑分析法

根据液压系统的基本原理，进行逻辑分析，减少怀疑对象，逐渐逼近，找出故障发生的部位的方法。故障逻辑分析框图如图 7—9 所示。

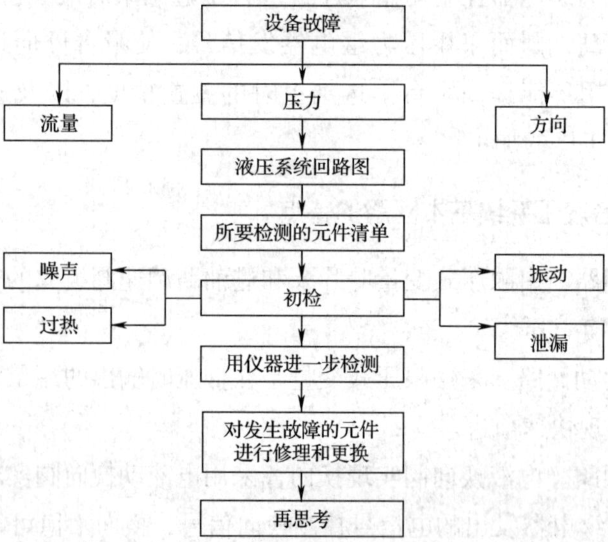

图 7—9　故障逻辑分析框图

液压系统故障分析的基本步骤如下：

（1）液压系统工作不正常可归纳为压力、流量和方向三大问题。

（2）审核液压系统图并检查元件，确认其性能和作用，初步评定其质量状况。

（3）列出与故障有关的元件清单。应当注意，要充分运用判断力，不要漏掉任何一个对故障有重要影响的元件。

（4）对清单列出的元件，根据检查的难易程度，列出重点检查的元件及部位。

（5）初步检查，应判断元件的选用和装配是否合理；元件的测试方法是否正确；元件的外部信号是否合适，对外部信号是否有响应等；注意元件出现故障的先兆，如高温、噪声、振动和泄漏等。

（6）如未查出故障元件，则应用仪器反复检查，直至检查出故障点为止。

（7）对有故障的元件进行修理或更换。

（8）重新启动设备前要认真思考故障的原因，并预测可能出现的故障隐患，以便采取相应的技术措施。

液压系统常见故障及其排除方法见表7—3。

表7—3　　液压系统常见故障及其排除方法

故障现象	产生原因	排除方法
系统无压力或压力不足	（1）溢流阀开启，由于阀芯被卡住，不能关闭，阻尼孔堵塞，阀芯与阀座配合不好或弹簧失效	（1）修研阀芯壳体，清洗阻尼孔，更换弹簧
	（2）其他控制阀阀芯由于故障卡住，引起卸荷	（2）找出故障部位，清洗或修研，使阀芯在阀体内运动灵活
	（3）液压元件磨损严重，或密封损坏，造成内、外泄漏	（3）检查泵、阀及管路各连接处的密封性，修理或更换零件和密封
	（4）液压过低，吸油堵塞或油温过高	（4）加油，清洗吸油管或冷却系统
	（5）泵转向错误，转速过低或动力不足	（5）检查动力源
流量不足	（1）油箱液位过低，油液黏度大，过滤器堵塞引起吸油阻力大	（1）检查液位，补油，更换黏度适宜的液压油，保证吸油通畅
	（2）液压泵转向错误，转速过低或空转，磨损严重，性能下降	（2）检查原动机、液压泵及液压泵变量机构，必要时换泵
	（3）回油管在液位以上，空气进入	（3）检查管路连接及密封是否正确可靠

续表

故障现象	产生原因	排除方法
流量不足	（4）蓄能器漏气，压力及流量供应不足	（4）检查蓄能器性能与压力
	（5）其他液压元件及密封件损坏引起泄漏	（5）修理或更换
	（6）控制阀动作不灵活	（6）调整或更换
泄漏	（1）管接头松动，密封损坏	（1）拧紧接头，更换密封
	（2）板式连接或法兰连接结合面螺钉预紧力不够或密封损坏	（2）预紧力应大于液压力，更换密封
	（3）系统压力长时间大于液压元件或辅件额定工作压力	（3）元件壳体内压力不应大于油封许用压力，更换密封
	（4）油箱内安装水冷式冷却器，如果油位高，则水漏入油中；如果油位低，则油漏入水中	（4）拆修
过热	（1）冷却器通过能力小或出现故障	（1）排除故障或更换冷却器
	（2）液位过低或黏度不适合	（2）加油或更换黏度合适的油液
	（3）油箱容量小或散热性差	（3）增大油箱容量，增设冷却装置
	（4）压力调整不当，长期在高压下工作	（4）调整溢流阀压力至规定值，必要时改进回路
	（5）油管过细过长，弯曲太多造成压力损失增大，引起发热	（5）改变油管规格及油管路
	（6）系统中由于泄漏、机械摩擦造成功率损失过大	（6）检查泄漏，改善密封，提高运动部件加工精度、装配精度和润滑条件
	（7）环境温度高	（7）尽量减少环境温度对系统的影响
振动	（1）液压泵：吸入空气，安装位置过高，吸油阻力大，齿轮齿形精度不够，叶片卡死断裂，柱塞卡死移动不灵活，零件磨损使间隙过大	（1）更换进油口密封，吸油口管口至泵吸油口高度要小于50 L/mm，保证吸油管直径足够大，修复或更换损坏零件
	（2）液压油：液位太低，吸油管插入液面深度不够，油液黏度太大，过滤器阻塞	（2）加油，吸油管加长，浸到规定深度，更换合适黏度的液压油，清洗过滤器
	（3）溢流阀：阀芯与阀座配合间隙过大，弹簧失效	（3）清洗阻塞孔，修配阀芯与阀座间隙，更换弹簧
	（4）其他阀芯移动不灵活	（4）清洗，去毛刺
	（5）管道：管道细长，没有固定装置，互相碰击，吸油管与回油管太近	（5）增设固定装置，扩大管道间距及吸油管到回油管距离

续表

故障现象	产生原因	排除方法
振动	（6）电磁铁：电磁铁焊接不良，弹簧过硬或损坏，阀芯在阀体内卡住	（6）重新焊接，更换弹簧，清洗及研配阀芯和阀体
	（7）机械：液压泵与电动机联轴器不同心或松动，运动部件停止时有冲击，换向缺少阻尼，电动机振动	（7）保持泵轴与电动机轴同心度不大于0.1 mm，采用弹性联轴器，紧固螺钉，设阻塞或缓冲装置，对电动机做平衡处理
冲击	（1）蓄能器充气压力不够	（1）给蓄能器充气
	（2）工作压力过高	（2）调整压力至规定值
	（3）先导阀、换向阀制动不灵及节流缓冲慢	（3）减少制动锥的斜角或增加制动锥的长度，修复溢流缓冲装置
	（4）液压缸端部没有缓冲装置	（4）增设缓冲装置或背压阀
	（5）溢流阀故障使压力突然升高	（5）修理或更换溢流阀
	（6）系统中有大量空气	（6）排除空气

任务实施

阅读与分析复杂的液压系统，一般步骤如下：

1. 了解设备的用途及对液压系统的动作和性能要求。

2. 分析液压系统图，并按执行元件数将其分为若干个子系统。

3. 对每个子系统进行分析：分析组成子系统的基本回路及各液压元件的功能与原理，弄清它们之间的相互连接关系；按执行元件的工作循环分析实现每步动作的进油和回油路线。

4. 根据液压系统的工作要求，分析各个子系统的关系，进而理解整个液压系统的工作原理。

一、动力滑台液压系统的安装

步骤1，根据训练课题要求准备液压泵、溢流阀、单向阀、换向阀、调速阀、液压缸、压力继电器等元件，以及安装时所使用的工具。

步骤2，将所选液压元件固定在安装板上。

步骤3，用液压管连接液压元件，并连接电路。

步骤4，对照液压系统图检查油路是否正确，各个接口是否可靠、是否符合技术要求。

步骤5，液压系统调试，实现液压缸快进、工进、快退、停止的几个工作过程。

二、动力滑台液压系统的调试

步骤1，电液换向阀节流螺钉的调整。

当动力滑台需要减小冲击、缓慢换向或在某一端停留几秒钟再换向时，可调节阀盖上相应的节流螺钉（图7—1中的阀L1、L2），旋紧时为减速，旋松时为增速。

步骤2，液控顺序阀的调整。

观察动力滑台的运动。快速移动时，液控顺序阀必须关闭，否则适当调高阀的动作压力；工作进给时，顺序阀必须打开，否则适当调低阀的动作压力。

步骤3，挡铁、止位块的调整。

根据工件的位置尺寸调整各挡铁、止位块纵向位置即可调整各工作循环转换点的位置，调整挡铁与行程阀、行程开关的横向位置可保证行程阀、行程开关能被足位压下。

任务拓展

MJ－50型数控车床液压系统的安装与调试

图7—9是MJ－50型数控车床液压系统控制回路原理图，它能实现卡盘的夹紧与松开、回转刀架和尾座套筒的伸缩等动作。

1. 任务要求

MJ－50型数控车液压系统的安装与调试的任务要求如下：

（1）读懂并分析MJ－50数控车床液压系统控制回路原理图。

（2）填写数控车床液压系统电磁铁动作顺序表。

（3）在实训台安装并调试该液压系统。

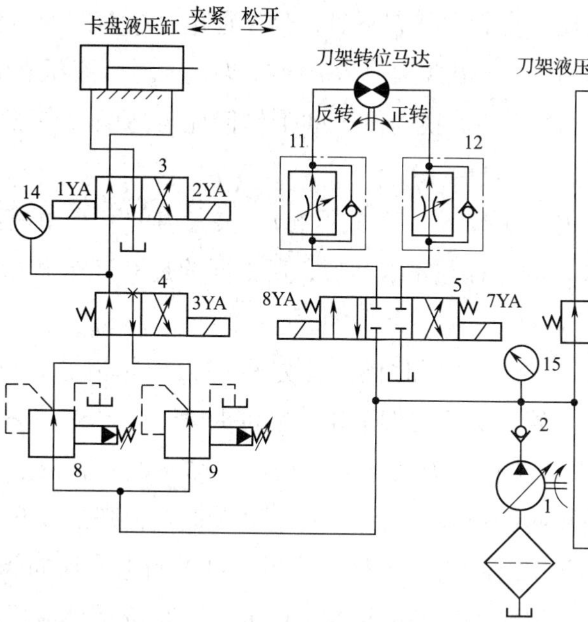

图 7—10　MJ－50 型数控车床液压系统原理图

1—液压泵　2—单向阀　3、4、6—两位换向阀　5、7—三位换向阀

8、9、10—减压阀　11、12、13—单向调速阀　14、15、16—液压表

2. 实施步骤

（1）MJ－50 型数控车床液压系统的工作原理

数控车床主要用于轴类和盘类回转体零件的加工，其卡盘夹紧与松开，卡盘夹紧力的高、低压转换，回转刀架的正转与反转，刀架刀盘的松开与夹紧，尾座套筒的伸出与退回都是由液压系统驱动的。液压系统中，各电磁阀电磁铁的动作是由 PLC 控制实现的。

（2）MJ－50 型数控车液压系统分析

1）卡盘的夹紧与松开。主轴卡盘的夹紧与松开，由两位换向阀 3 控制。卡盘的高压与低压夹紧转换，由两位换向阀 4 控制。

当卡盘处于正卡（卡爪向内夹紧工件外圆）且在高压夹紧状态下，夹紧力的大小由减压阀 8 调节，夹紧压力由液压表 14 显示。

当 1YA 通电时，换向阀 3 左位工作，系统压力油的流向为：油泵→单向阀 2→减压阀 8→换向阀 4 左位→换向阀 3 左位→液压缸右腔。液压缸左腔的油液经换向阀 3 左位直接回油箱。这时，活塞杆左移，操纵卡盘夹紧。

当 2YA 通电时，换向阀 3 右位工作，系统压力油进入到液压缸左腔，液压缸右腔的油液经换向阀 3 直接回油箱。这时，活塞杆右移，操纵卡盘松开。

在要求卡盘处于正卡且在低压小夹紧力状态下时，3YA 通电，换向阀 4 右位工作，选择减压阀 9 工作。夹紧力的大小由减压阀 9 调整，夹紧力也由液压表 14 显示，减压阀 9 调整压力值小于减压阀 8。换向阀 3 的工作情况与高压大夹紧力时相同。

当卡盘处于正卡，且在低压夹紧状态下（3YA 通电），夹紧力的大小由减压阀 9 调整。卡盘反卡（也称内卡）的过程与正卡类似，所不同的是卡爪外张为夹紧，内缩为松开。

2）回转刀架的换刀。回转刀架换刀的时候，首先是将刀架抬升，松开，8YA 通电，然后刀架转位到指定位置，最后刀架下拉，复位夹紧。

当 4YA 通电时，换向阀 6 右位工作，刀架抬升，松开，8YA 通电，液压马达正转，带动刀架换刀。转速由单向调速阀 11 控制（若 7YA 通电，则液压马达带动刀架反转，转速由单向调速阀 12 控制）。刀架到位后，4YA 断电，换向阀 6 左位工作，液压缸使刀架夹紧。正转换刀还是反转换刀由数控系统按路径最近原则来判断。

3）尾座套筒伸缩动作。当 6YA 通电时，换向阀 7 左位工作，压力油流向为：减压阀 10→换向阀 7 左位→尾座套筒液压缸的左腔。液压缸右腔油液流向为：单向调速阀 13→换向阀 7 左位→油箱。液压缸筒带动尾座套筒伸出，顶紧力的大小通过减压阀 10 调整，调整压力值由液压表 16 显示。

当 5YA 通电时，换向阀 7 右位工作，压力油流向为：减压阀 10→换向阀 7 右位→组合阀 13 的单向阀→液压缸右腔。液压缸左腔的油液经阀 7 流向油箱，套筒快速缩回。

根据上述分析，填写数控车床液压系统电磁铁动作顺序，见表 7—4。

表 7—4　　数控车床液压系统电磁铁动作顺序表

电磁跌 动作			1YA	2YA	3YA	4YA	5 YA	6 YA	7 YA	8 YA
卡盘正转	高压	夹紧								
		松开								
	低压	夹紧								
		松开								
卡盘反转	高压	夹紧								
		松开								
	低压	夹紧								
		松开								

续表

电磁铁 动作		1YA	2YA	3YA	4YA	5 YA	6 YA	7 YA	8 YA
回转刀架	刀架正转								
	刀架反转								
	刀架松开								
	刀架夹紧								
尾座	套筒伸出								
	套筒缩回								

思考与练习

1．试说明分析液压系统的步骤是什么?

2．分析图7—1所示动力滑台液压系统由哪些基本回路组成，是如何进行差动的?

任务八　气压传动系统的安装与调试

任务描述

图 8—1 所示为沙发寿命测试机气动系统回路。沙发寿命测试机是利用气动系统驱动压头模仿人坐沙发的动作，从而测试沙发中弹簧的使用寿命。本任务要求通过读懂沙发寿命测试机气动系统回路图，能够根据此气动控制回路图组装、调试气动系统，并能正常启动、运行气动系统。

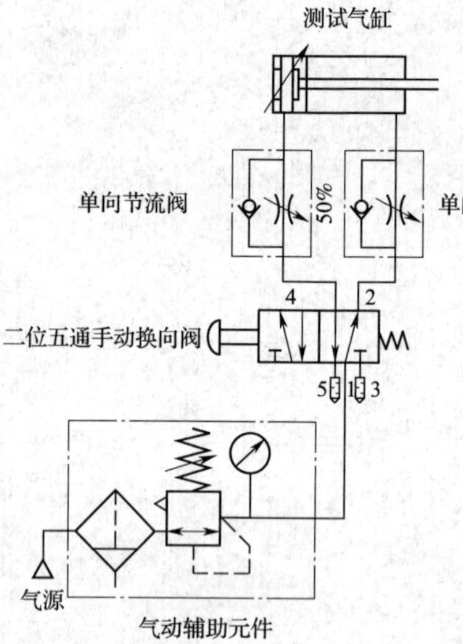

图 8—1　沙发寿命测试机气动系统回路

任务分析

一、学习目标

1. 能够查阅资料，叙述气压传动系统的特点。

2. 能够读懂气压传动控制系统图，并能分析沙发寿命测试机气动系统的工作原理。

3. 能够认识气压传动系统的组成，并分析其作用。

4. 能够根据沙发寿命测试机气动控制回路图组装、调试气动系统。

5. 能够正常启动及运行沙发寿命测试机气动系统。

6. 能够认识气源装置，掌握它的作用和工作原理。

二、工作过程与学习活动

1. 相关知识（气压传动的工作原理、组成及特点，气动系统气源装置与气源处理装置的结构及工作原理，气动辅助元件简介）。

2. 任务实施（沙发寿命测试机气动系统的安装与调试）。

3. 任务拓展（空气过滤器的拆装与调试）。

建议学时

6 学时。

1. 气压传动系统由哪几个部分组成？
2. 气动传动系统的工作原理是什么？
3. 气源装置的作用是什么？

相关知识

一、气压传动的工作原理、组成及特点

1. 气压传动的工作原理

图 8—2 所示为气动剪切机的工作原理，图示状态为剪切前的预备状态。这种气动剪切机由空气压缩机 1、冷却器 2、油水分离器 3、储气罐 4、分水滤气器 5、减压阀 6、油雾器 7、行程阀 8、换向阀 9、气缸 10 等组成。

当空气压缩机 1 产生的压缩空气经冷却器 2、油水分离器 3、储气罐 4、分水滤气器 5、减压阀 6、油雾器 7、换向阀 9 到达气缸 10，部分气体经节流通路 a 进入换向阀 9 的下腔，使上腔弹簧压缩，换向阀阀芯位于上端；大部分压缩空气经换向阀 9 后由 b 路进入气缸 10 上腔，而气缸的下腔的气体经 c 路、换向阀与大气相通，因此气缸活塞处于下端位置，剪切机的剪口张开，处于预备工作状态。当上料装置把工料 11 送入剪切机并到达规定位置时，工料压下行程阀 8，此时换向阀阀芯下腔的压缩空气经 d 路、行程阀排入大气，在弹簧的推动下换向阀阀芯向下运动至下端；压缩空气则经换向阀后由 c 路进入气缸的下腔，上腔经 b 路、换向阀与大气相通，气缸活塞向上运动，剪刀刃随之上行剪断工料。工料剪下后，即与行程阀脱开，行程阀阀芯在弹簧作用下复位，d 路堵死，换向阀阀芯上移，气缸活塞向下运动，又恢复到剪断前的状态。

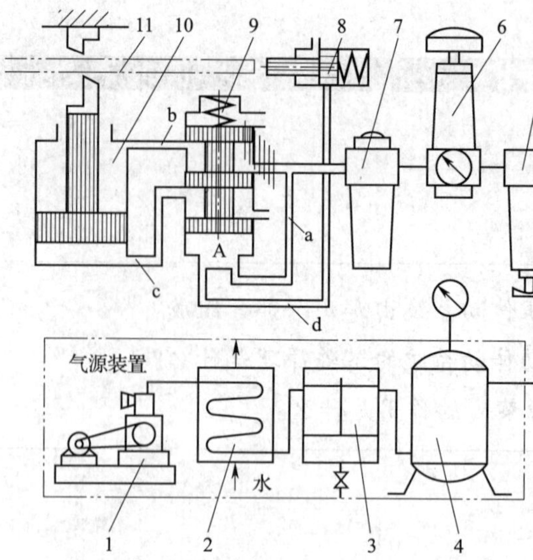

图 8—2　气动剪切机的工作原理

1—压缩空气机　2—冷却器　3—油水分离器　4—储气罐　5—分水滤气器　6—减压阀
7—油雾器　8—行程阀　9—气控换向阀　10—气缸　11—工料

由此可见，气压传动与液压传动系统的工作原理相似，都是利用流体作为工作介质来传递运动和动力的。气压传动是利用工作介质（气体）的压力来传递运动和动力的，先利用气源装置将原动机的机械能转换成工作介质的压力能，再利用执行元件（气缸）将工作介质的压力能转换成机械能，驱动工作部件运动。

2. 气压传动系统的组成

由图 8—2 可知，一般气压传动系统主要由以下几个部分组成。

（1）气源装置。把机械能转换成气体的压力能的装置，一般常见的是空气压缩机。

（2）气动执行元件。把气体的压力能转换成机械能的装置，一般指气压缸和气压马达。

（3）气动控制元件。对气压系统中气体的压力、流量和流动方向进行控制和调节的装置，如各种压力、方向、流量控制阀。

（4）辅助元件。使压缩空气净化、润滑、消声以及用于元件间连接等所需的装置，如各种过滤器、油雾器、消声器、管件等。

（5）工作介质。压缩空气，其作用是实现运动和动力的传递。

3. 气压传动系统的特点

（1）气压传动的优点

1）工作介质是空气，来源方便，取之不尽，使用后直接排入大气而无污染，不需要设置专门的回气装置。

2）空气的黏度很小，所以流动时压力损失较小，节能、高效，适用于集中供应和远距离输送。

3）气动动作迅速，反应快，维护简单，调节方便，特别适合于一般设备的控制。

4）工作环境适应性好，特别适合在易燃、易爆、潮湿、多尘、振动、辐射等恶劣条件下工作，外泄漏不污染环境，在食品、轻工、纺织、印刷、精密检测等环境中最为适宜。

5）成本低，过载能自动保护。

（2）气压传动的缺点

1）空气具有可压缩性，不易实现准确的速度控制和很高的定位精度，负载变化时对系统的稳定性影响较大。

2）空气的压力较低，只适用于压力较小的场合。

3）气动装置的噪声也大，高速排气时需加消声器。

4）空气无润滑性能，故在气路中应设置给油润滑装置。

二、气源装置与气源处理装置的结构及工作原理

气源系统的作用是产生具有足够压力和流量的压缩空气，同时将其净化、处理及储存，它由气压发生装置（如空气压缩机）、压缩空气的净化装置和输送压缩空气的管道组成。

1. 空气压缩站

（1）空气压缩机

空气压缩机的作用是将电动机输出的机械能转换成压缩空气的压力能供给气动系统使用。

按工作原理的不同，空气压缩机可分为容积型和速度型。容积型空压机的工作原理是将一定量的连续气流限制于封闭的空间里，通过缩小气体的容积来提高气体的压力。按结构不同，容积型空压机又可分为往复式（活塞式和膜片式等）

和旋转式（滑片式和螺杆式等），常用的是往复式容积型压缩机。容积型空气压缩机的工作原理如图 8—3 所示。

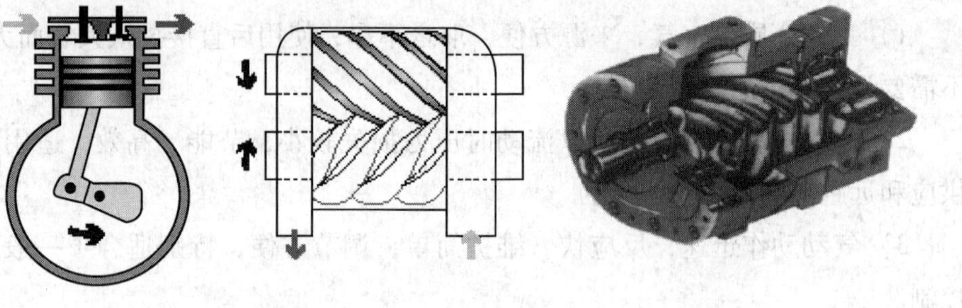

a）　　　　　　　　　　　　b）

图 8—3　容积型空气压缩机的工作原理

a）活塞式空压机　b）螺杆式空压机

速度型空压机通过空压机提高气体流速，并使其突然受阻而停滞，将其动能转化成压力能，来提高气体的压力。速度型空压机主要有离心式、轴流式、混流式等几种，如图 8—4 所示。

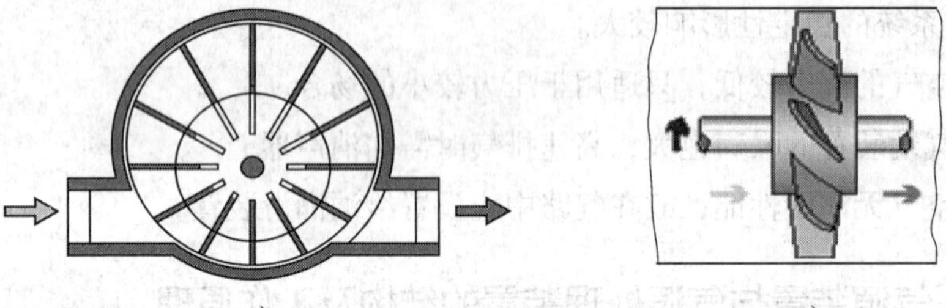

a）　　　　　　　　　　　　b）

图 8—4　速度型空气压缩机的工作原理

a）离心式空压机　b）轴流式空压机

（2）储气罐

储气罐的主要作用如下：

1）储存压缩空气，一方面可解决短时间内用气量大于空压机输出气量的矛盾；另一方面可在空压机出现故障或停电时，作为应急气源维持短时间供气，以便采取措施保证气动设备的安全。

2）减小空压机输出气压的脉动，稳定系统气压。

3）降低压缩空气温度，分离压缩空气中的部分水分和油分。

容积的选择：根据其主要使用目的（消除压力脉动、储存压缩空气、调节用气量）来选择。

(3) 后冷却器

后冷却器的作用是将空气压缩机排出具有 140 ~ 170℃的压缩空气降至 40 ~ 50℃，压缩空气中的油雾和水汽亦凝析出来。后冷却器的冷却方式有水冷和气冷两种。

2. 气源处理装置

(1) 油水分离器（除油器）

油水分离器的工作原理如图 8—5 所示。油水分离器用于分离压缩空气中所含的油分和水分。其工作原理主要是利用回转离心、撞击、水洗等方法使水滴、油滴及其他杂质颗粒从压缩空气中分离出来，以净化压缩空气。结构形式有环形回转式、撞击并折回式、离心旋转式、水浴并旋转离心式等。为保证良好的分离效果，必须使气流回转后的上升速度缓慢，同时保证其有足够的上升空间。

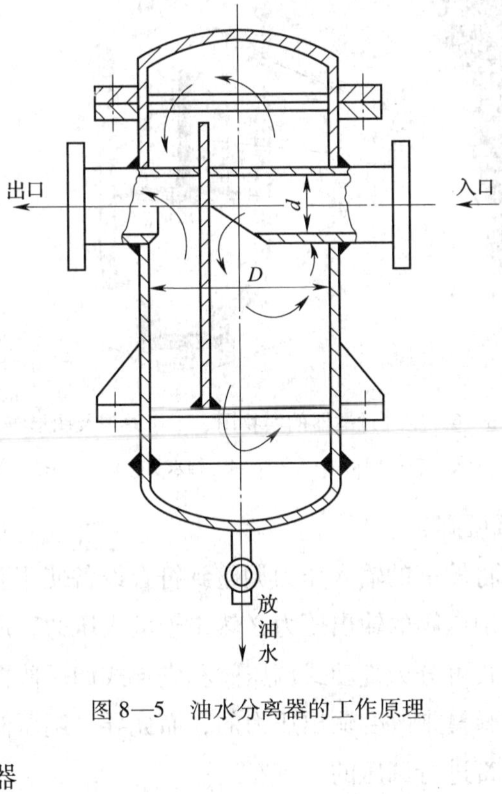

图 8—5 油水分离器的工作原理

(2) 空气干燥器

空气干燥器用于吸收和排除压缩空气中的水分和部分油分与杂质，使湿空气成为干空气的装置。干燥方法有冷冻法、吸附法、吸收法和高分子隔膜干燥法。

压缩空气经后冷却器、油水分离器、储气罐、主管路过滤器和空气过滤器得到初步净化后，仍含有一定量的水蒸气。过多的水分经压缩空气带到各零部件上，气动系统的使用寿命会明显缩短。安装空气干燥器会使系统中的水分含量降低到要求的水平，但不能清除油分。

（3）空气过滤器

空气过滤器主要用于除去压缩空气中的固态杂质、水滴和油污等污染物，是保证气动设备正常运行的重要元件。按过滤器的排水方式可分为手动排水式和自动排水式。空气过滤器的工作原理是根据固体物质和空气分子的大小和质量不同，利用惯性、阻隔和吸附的方法将灰尘和杂质与空气分离。空气过滤器的工作原理如图 8—6 所示。

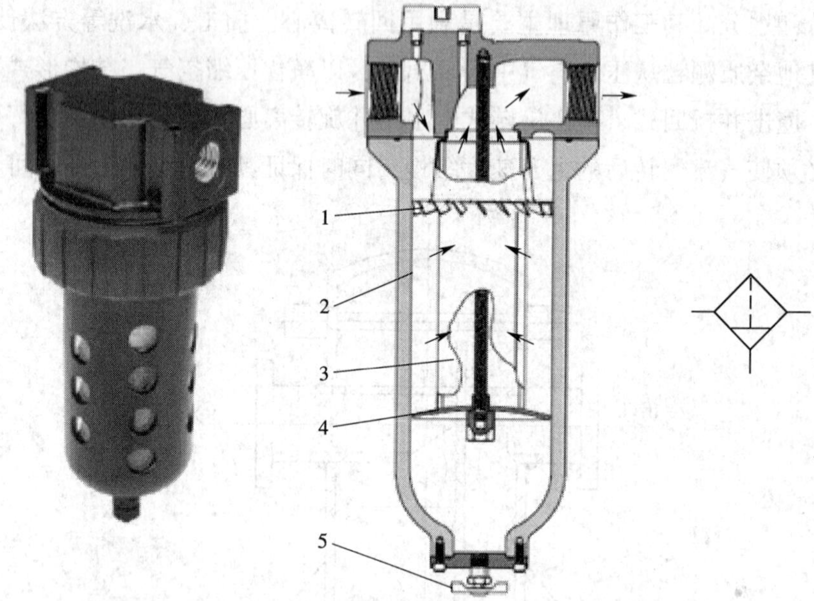

图 8—6　空气过滤器的实物图、工作原理及图形符号

1—叶栅　2—滤杯　3—滤芯　4—挡水板　5—手动排水阀

（4）调压阀（减压阀）

调压阀的作用是将较高的输入压力调整到符合设备使用要求的压力，并保持输出压力稳定。由于调压阀的输出压力必然小于输入压力，所以调压阀也常被称为减压阀。按调压方式可分为直动式调压阀和先导式调压阀两种。直动式调压阀是利用手柄直接调节弹簧来改变输出压力的，而先导式调压阀是用预先调好压力的压缩空气来代替弹簧进行调压的。

直动式调压阀的工作原理如图 8—7 所示。当顺时针方向调节手柄 1 时，调压弹簧 2 被压缩，推动膜片 3、阀芯 4 和下弹簧座 6 下移，使阀口 8 开启，调压阀输出口、输入口导通，产生输出。由于阀口 8 具有节流作用，气流流经阀口后压力降低，并从右侧输出口输出。与此同时，有一部分气流通过阻尼管 7 进入膜片下方产生向上的推力。当这个推力和调压弹簧的作用力相平衡时，调压阀就获得了稳定的压力输出。通过旋紧或旋松调节手柄就可以得到不同的阀口大小，也就可以得到不同的输出压力。

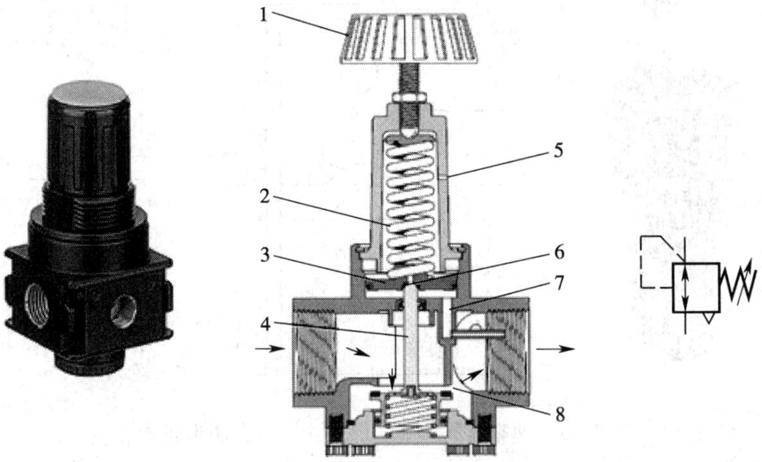

图 8—7　直动式调压阀的实物图、工作原理及图形符号

1—手柄　2—调压弹簧　3—膜片　4—阀芯　5—溢流阀　6—下弹簧座　7—阻尼管　8—阀口

（5）气动三联件

油雾器、空气过滤器和调压阀组合在一起构成的气源调节装置，通常被称为气动三联件，是气动系统中常用的气源处理装置。联合使用时，其顺序应为空气过滤器→调压阀→油雾器，不能颠倒。这是因为调压阀内部有阻尼小孔和喷嘴，这些小孔容易被杂质堵塞而造成调压阀失灵；油雾器中产生的油雾为避免被过滤，应安装在调压阀的后面；采用无油润滑的回路中不需要油雾器。图 8—8 所示为气动三联件的图形符号。

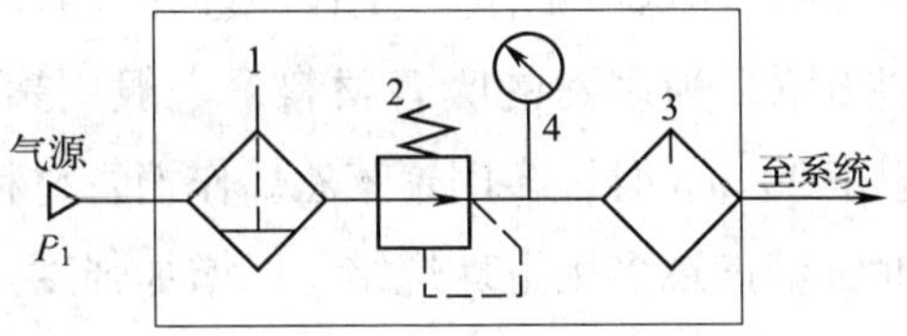

图 8—8　气动三联件的图形符号

1—分水滤气器　2—调压阀　3—油雾器　4—压力表

三、气动辅助元件简介

1．油雾器

油雾器是气动系统中一种专用的注油装置。它以压缩空气为动力，将特定的

润滑油喷射成雾状混合于压缩空气中，并随压缩空气进入需要润滑的部位，达到润滑的目的。油雾器的工作原理如图 8—9 所示。

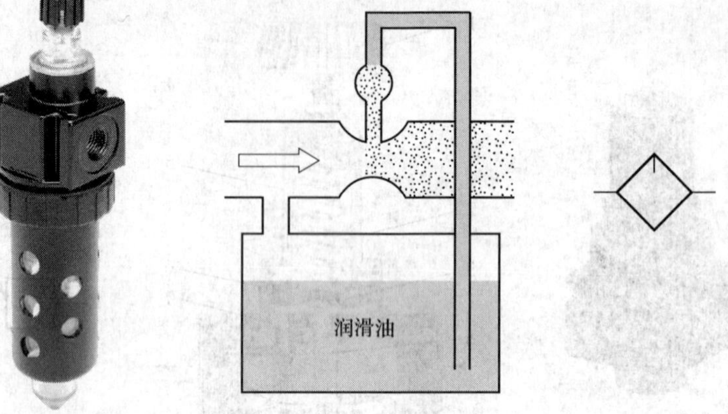

图 8—9　油雾器的实物图、工作原理及图形符号

2. 消声器

在气压传动系统之中，气缸、气阀等元件工作时，排气速度较高，气体体积急剧膨胀，会产生刺耳的噪声。噪声的强弱随排气的速度、排量和空气通道的形状而变化。排气的速度和功率越大，噪声也越大，一般可达 100 ~ 120 dB，为了降低噪声可以在排气口安装消声器。

消声器通过阻尼或增加排气面积来降低排气速度和功率，从而降低噪声。

气动元件使用的消声器一般有三种类型：吸收型消声器、膨胀干涉型消声器和膨胀干涉吸收型消声器，常用的是吸收型消声器。

图 8—10 所示为吸收型消声器的结构、工作原理和图形符号，这种消声器主要依靠吸音材料消声。消声罩 2 为多孔的吸音材料，一般用聚苯乙烯或铜珠烧结而成。当消声器的通径小于 20 mm 时，多用聚苯乙烯作消音材料制成消声罩；当消声器的通径大于 20 mm 时，消声罩多用铜珠烧结，以增加强度。吸收型消声器的消声原理是：当有压气体通过消声罩时，气流受到阻力，可使噪声降低约 20 dB。

3. 管道及管接头

管道可分为硬管和软管两种。如总气管和支气管等一些固定不动的、不需要经常装拆的场合，使用硬管；连接运动部件和临时使用、希望装拆方便的管路，使用软管。硬管有铁管、铜管、黄铜管、紫铜管和硬塑料管等，软管有塑料管、尼龙管、橡胶管、金属编织塑料管以及挠性金属导管等，常用的是紫铜管和尼龙管。

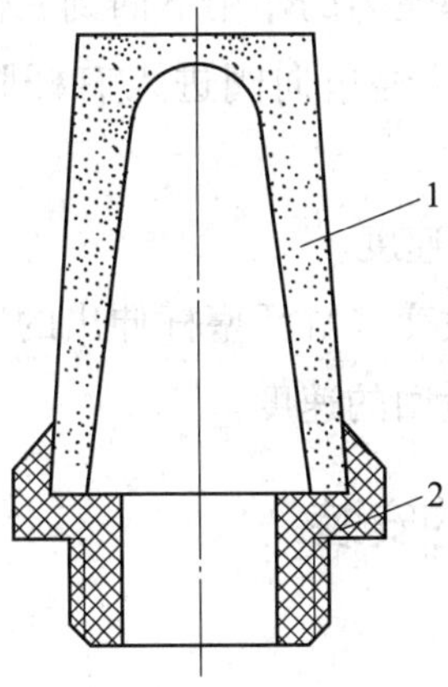

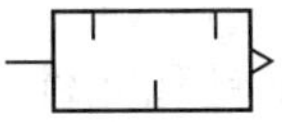

图 8—10　吸收型消声器

a）结构原理　b）图形符号

1—连接螺栓　2—消声罩

气动系统中使用的管接头的结构及工作原理与液压管接头基本相似，分为卡套式、扩口螺纹式、卡箍式、插入快换式等。

任务实施

一、沙发寿命测试机气动系统工作原理分析

图 8—1 所示是沙发寿命测试机气动系统的工作原理图，它是由气源装置、双作用气缸、手动二位五通换向阀、单向节流阀、气动二联件、管道以及管接头等组成的一个完整的气压传动系统。

步骤 1，气缸活塞杆向右移动。

按下二位五通手动换向阀的按钮，换向阀切换到左位，使压缩空气经过气动辅助元件处理后，通过管路进入换向阀输入口 1，从输出口 4 输出，经过图中左面的单向阀，进入气缸无杆腔，推动活塞杆向外伸出，气缸有杆腔的气体从气缸右面的接口排出，气流只能从右面的节流阀进入二位五通手动换向阀口 2，从换向阀的排气口 3 排向大气。

步骤 2，气缸活塞杆向左移动。

松开换向阀的手动按钮，换向阀在弹簧力的作用下回到右位，压缩空气从换向阀的输入口 1 进入，从输出口 2 输出，经单向阀进入有杆腔，推动活塞杆缩回，无杆腔气体只能经左面的节流阀排气。

步骤 3，控制气缸活塞杆的往复运动速度。

调节右面节流阀开口的大小，便可改变气缸活塞杆伸出的速度。调节左面节流阀开口的大小，即可控制气缸活塞杆返回的速度。

二、沙发寿命测试机气动系统的安装

步骤 1，准备工具和元件。

（1）选用的工具：扳手、六角扳手。

（2）选用的元件：按图 8—11 选用元件。

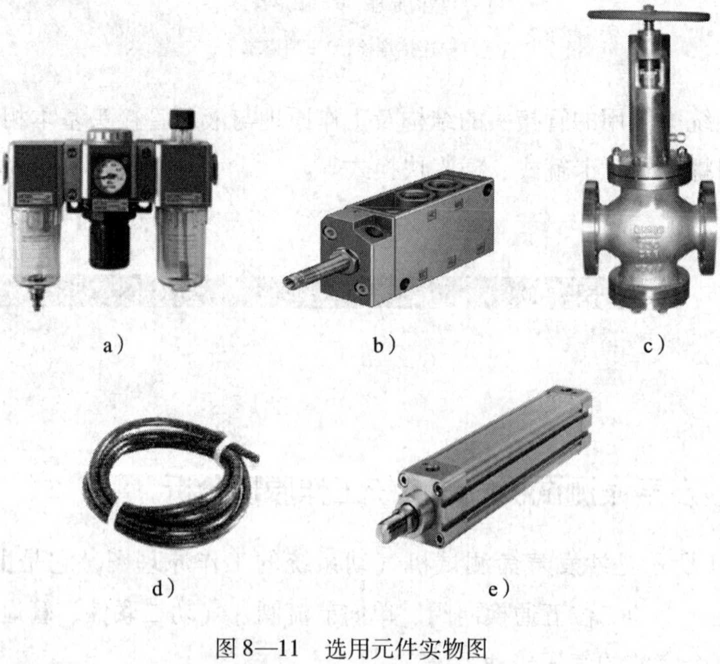

a）　b）　c）　d）　e）

图 8—11　选用元件实物图

a）气动三联件　b）二位五通电磁换向阀　c）节流阀　d）气管　e）双作用气缸

步骤 2，确定元件的安装位置。

步骤 3，安装气动回路。

（1）利用快速装卡装置，将元件正确地固定在实验台底板铝合金型材上。注意将元件对正型材槽，用力推向型材板，确认安装可靠后松手，如图 8—12a 所示。

（2）按照回路图用气管连接气动元件。应确保分配器和快速接头可靠地锁定，用手推塑料软管即可将其插入到快速接头内，管路连接应可靠到位，如图8—12b所示。当通入压缩空气时，塑料软管不能从快速接头上脱掉，出现“抽打现象”（注意保护眼睛）。

三、沙发寿命测试机气动系统的调试

步骤1，气动回路的检查。

（1）检查各元件的接口连接是否正确，接头连接是否可靠。

（2）检查单向节流阀的安装方向，应采用出气节流的方式，如图8—12c所示。

步骤2，将减压阀压力调整到6 bar，如图8—12d所示。

步骤3，气动回路的调试。

（1）接通压缩空气，按下二位五通手动换向阀的按钮，如果气缸活塞杆伸出，释放二位五通手动换向阀的按钮，气缸活塞杆返回，则系统安装正确。应当注意，当接通压缩空气时，气缸可能会出现不由自主的运动，不要试图接触任何运动的部件（活塞杆、开关凸轮），否则手指可能会在限位开关和开关凸轮之间被夹伤，如图8—12e所示。

（2）按下二位五通手动换向阀的按钮，调节右面节流阀开口的大小，观察气缸伸出速度的变化是否合理。释放二位五通手动换向阀的按钮，调节左面节流阀开口的大小，观察气缸返回速度的变化是否合理。

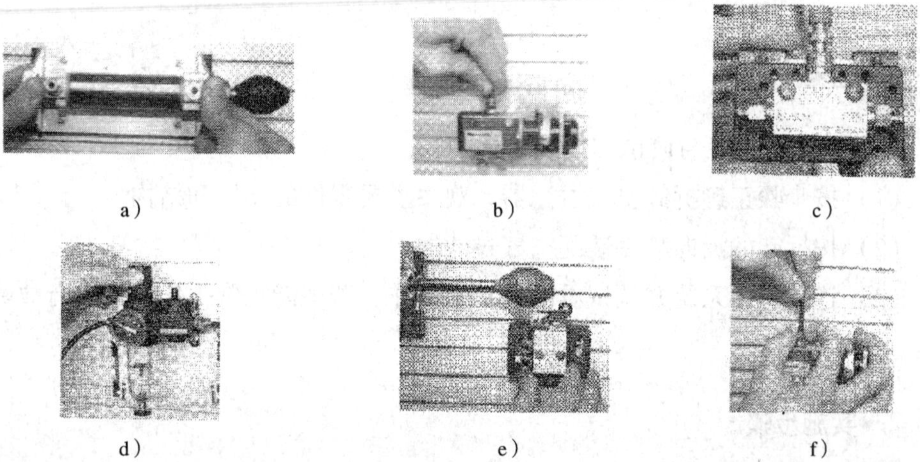

a）　b）　c）　d）　e）　f）

图8—12　安装调试示意图

(3) 实验完毕，先切断所有工作管路的压缩空气（关闭压缩空气预处理单元上的球阀)，然后拆卸管路和元件。拆卸管路时，用一只手按住快速接头的卡环，另一只手紧紧地握住管子的末端，然后拔下管子，如图 8—12f 所示。

任务拓展

空气过滤器的拆装与调试

图 8—13 所示为空气过滤器。

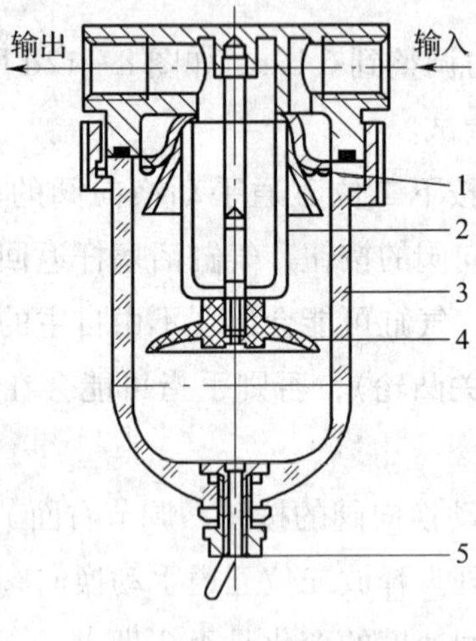

图 8—13 空气过滤器

1—旋风叶子 2—滤芯 3—存水杯 4—挡板 5—手动排水阀

1. 任务要求

空气过滤器拆装与调试的任务要求如下：

(1) 按步骤正确拆卸空气过滤器，观察主要零件的作用和结构。

(2) 按拆卸的反向顺序装配空气过滤器。

(3) 连接气压系统并调试看能否正常工作，若不能正常工作，需进行故障排除。

2. 实施步骤

实施步骤如下：

(1) 准备好内六角扳手一套、耐油橡胶板一块、油盘一个及钳工工具一套。

（2）卸下手动排水阀5。

（3）卸下存水杯3。

（4）卸下挡水板。

（5）卸下滤芯2。

（6）观察主要零件的作用和结构。

（7）按拆卸的反向顺序装配空气过滤器。装配前清洗各零部件，并注意各处密封的装配。

（8）检查空气过滤器，组装没有错误时，连接气压传动系统看能否正常工作，若不能，分析产生故障的原因，并予以排除。

空气过滤器常见故障诊断与维修方法见表8—1。

表8—1　　空气过滤器常见故障诊断与维修方法

序号	故障现象	故障原因	维修方法
1	压力过大	（1）使用过细的滤芯 （2）滤清器的流量范围太小 （3）流量超过滤清器的容量 （4）滤清器滤芯网眼堵塞	（1）更换适当的滤芯 （2）换流量范围大的滤清器 （3）换大容量的滤清器 （4）用净化液清洗（必要时更换）滤芯
2	从输出端溢出冷凝水	（1）未及时排出冷凝水 （2）自动排水器发生故障 （3）超过滤清器的流量范围	（1）养成定期排水习惯或安装自动排水器 （2）修理（必要时更换） （3）在适当流量范围内使用或者更换大容量的滤清器
3	输出端出现异物	（1）滤清器滤芯破损 （2）滤芯密封不严 （3）用有机溶剂清洗塑料件	（1）更换机芯 （2）更换机芯的密封，紧固滤芯 （3）用清洁的热水或煤油清洗
4	塑料水杯破损	（1）在有有机溶剂的环境中使用 （2）空气压缩机输出某种焦油 （3）压缩机从空气中吸入对塑料有害的物质	（1）使用不受有机溶剂侵蚀的材料（如金属杯） （2）更换空气压缩机的润滑油，使用无油压缩机 （3）使用金属杯

续表

序号	故障现象	故障原因	维修方法
5	漏气	（1）密封不良 （2）因物理（冲击）、化学原因使塑料杯产生裂痕 （3）泄水阀、自动排水器失灵	（1）更换密封件 （2）参看“塑料杯破损”栏 （3）检修或更换泄水阀

思考与练习

1. 气动系统由哪几部分组成？
2. 气源装置包括哪些设备？这些设备的作用是什么？

任务九　气压传动元件的安装与调试

任务描述

气压传动系统先将机械能转换成压力能，然后通过各种元件组成的控制回路来实现能量的调控，最终再将压力能转换成机械能，使执行机构实现预定的功能，按照预定的程序完成相应的动力与运动的输出。气动系统的执行元件是保证液压系统正常工作不可缺少的组成部分，包括气缸、气动马达等。气动控制元件是在气动系统中控制气流的压力、流量、方向和发送信号的元件，利用它们可以组成具有特定的功能的控制回路，使气动执行元件或控制系统能够实现规定的程序并正常工作。

任务分析

一、学习目标

1. 能够分析气缸、气动马达的结构和工作原理，了解常见执行元件的用途。

2. 能够分析气动方向控制阀、流量控制阀、压力控制阀的结构和工作原理，学会拆装压力控制阀。

3. 能够拆装和调试减压阀，掌握减压阀的结构和工作原理，了解常见控制元件的用途。

二、工作过程与学习活动

1. 相关知识（气动执行元件的结构和工作原理，气动方向控制阀、流量控制阀、压力控制阀的结构和工作原理）。

2. 任务实施［气压传动元件（减压阀）的拆装与调试］。

3. 任务拓展（节流阀的拆装与调试）。

建议学时

6学时。

1. 气动系统的执行元件有哪些？
2. 气缸的结构是怎样的？
3. 气缸与气动马达有何异同？
4. 气动控制元件主要有哪三类？
5. 气动系统是如何实现压力控制的？
6. 压力控制阀主要有哪些？

相关知识

一、气动执行元件的结构和工作原理

气动执行元件的作用是在气动系统中将压缩空气的压力能转换为机械能，驱动工作机构做直线往复运动、摆动或者旋转运动来进行工作。气动执行元件包括气缸、摆动缸和气动马达。

1. 气缸的结构和工作原理

气缸用于实现直线往复运动，输出力和直线位移。按照气缸的结构特点可分为活塞式、薄膜式、柱塞式，按作用方式可分为单作用式和双作用式，按气缸功能可分为普通气缸和特殊气缸，按气缸的安装方式可分为耳座式、法兰式、轴销式和凸缘式。

（1）单作用气缸（见图9—1a）

单作用气缸只能在一个方向上做功，活塞的反向动作则靠复位弹簧或施加外力来实现。

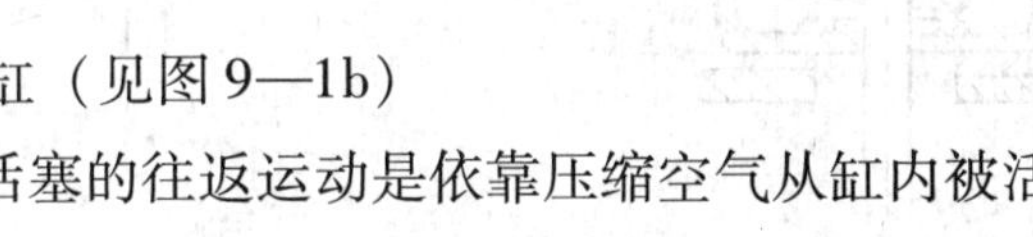

图9—1　气缸

a）单作用气缸　b）双作用气缸

（2）双作用气缸（见图9—1b）

双作用气缸的活塞的往返运动是依靠压缩空气从缸内被活塞分隔开的两个腔室（有杆腔、无杆腔）交替进入和排出来实现的，压缩空气可以在两个方向上做功。

1）普通型单活塞杆式双作用气缸。图9—2所示为普通型单活塞杆式双作用气缸的结构和工作原理，这种气缸由后缸盖1、前缸盖11、活塞5、活塞杆7、缸筒8等组成。气缸由活塞分成两个腔，即无杆腔和有杆腔，当压缩空气进入无杆腔时，压缩空气作用在活塞右端面上的力克服各种反向作用力，推动活塞前进，有杆腔内的空气排入大气，使活塞杆伸出；当压缩空气进入有杆腔时，压缩空气

作用在活塞左端面上的力克服各种反向作用力，推动活塞向右运动，无杆腔内的空气排入大气，使活塞杆退回。气缸的无杆腔和有杆腔的交替进气和排气，使活塞杆伸出和退回，气缸实现往复运动。

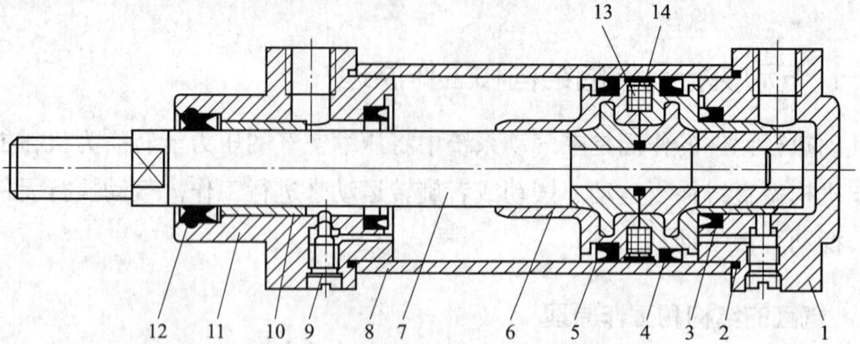

图 9—2　普通型单活塞杆式双作用气缸的结构和工作原理

1—后缸盖　2—密封圈　3—缓冲密封圈　4—活塞密封圈　5—活塞　6—缓冲柱塞　7—活塞杆　8—缸筒　9—缓冲节流阀　10—导向塞　11—前缸盖　12—防尘密封圈　13—磁铁　14—导向环

2）薄膜式气缸。薄膜式气缸是一种利用压缩空气通过膜片推动活塞杆作往复直线运动的气缸，它由缸体 1、膜片 2、膜盘 3 和活塞杆 4 等主要零件组成，其功能类似于活塞式气缸。薄膜式气缸分为单作用式和双作用式两种，如图 9—3 所示。

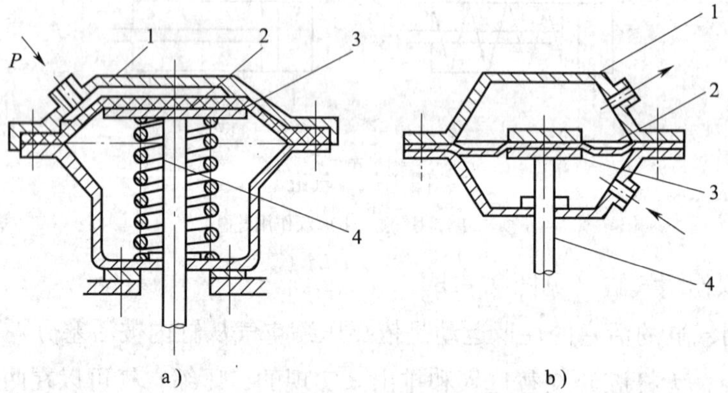

图 9—3　薄膜式气缸的结构和工作原理

1—缸体　2—膜片　3—膜盘　4—活塞杆

a）单作用式　b）双作用式

2．气缸在调试中可能出现的故障分析

气缸在调试中可能出现的故障分析见表 9—1。

表 9—1　　　　气缸在调试中可能出现的故障分析

现象		故障原因分析	排除方法
外泄漏	活塞杆端漏气	（1）活塞杆安装偏心	（1）重新安装调整，使活塞杆不受偏心和横向负荷
		（2）润滑油供应不足	（2）检查油雾器是否失灵
		（3）活塞杆密封圈磨损	（3）更换密封圈
		（4）活塞杆轴承配合面有杂质	（4）清洗除去杂质，安装更换防尘罩
		（5）活塞杆有伤痕	（5）更换活塞杆
	缸筒与缸盖间漏气	密封圈损坏	更换密封圈
	缓冲调节处漏气	密封圈损坏	更换密封圈
内泄漏	活塞两端串气	（1）活塞密封圈损坏	（1）更换密封圈
		（2）润滑不良	（2）检查油雾器是否失灵
		（3）活塞被卡住、活塞配合面有缺陷	（3）重新安装调整，使活塞杆不受偏心和横向负荷
		（4）杂质挤入密封面	（4）除去杂质，采用净化压缩空气
输出力不足动作不平稳		（1）润滑不良	（1）检查油雾器是否失灵
		（2）活塞或活塞杆卡住	（2）重新安装调整，消除偏心、横向负荷
		（3）供气流量不足	（3）加大连接或管接头口径
		（4）有冷凝水杂质	（4）注意用净化干燥压缩空气，防止水凝结
缓冲效果不良		（1）缓冲密封圈磨损	（1）更换密封圈
		（2）调节螺钉损坏	（2）更换调节螺钉
		（3）气缸速度太快	（3）注意缓冲机构是否合适

3．气动马达的结构和工作原理

气动马达是将压缩空气的压力能转换为连续旋转运动的机械能装置。气动马达按结构形式可分为叶片式气动马达、活塞式气动马达和齿轮式气动马达等，最为常见的是活塞式气动马达和叶片式气动马达。

叶片式气动马达的结构和工作原理如图 9—4 所示。

a） b） c）

图 9—4 气动马达的结构和工作原理

a）结构原理 b）实体 c）图形符号

4. 气动马达在调试中可能出现的故障分析

气动马达在调试中可能出现的故障分析见表 9—2。

表 9—2 **气动马达在调试中可能出现的故障分析**

现象		故障原因分析	排除方法
输出功率明显下降	叶片严重磨损	（1）断油或供油不足 （2）空气不净 （3）长期使用	（1）检查供油器，保证润滑 （2）净化空气 （3）更换叶片
输出功率明显下降	前后气盖磨损严重	（1）轴承磨损，转子轴向窜动 （2）衬套选择不当	（1）更换轴承 （2）更换衬套
	叶片折断	转子叶片槽喇叭口太大	更换转子
	叶片卡死	叶片槽间隙不当或变形	更换叶片

二、气动控制元件的结构和工作原理

气动控制元件主要有气动方向控制阀、流量控制阀、压力控制阀三大类。

1. 气动方向控制阀的结构和工作原理

方向控制阀用于通断气路或改变气流方向，从而控制气动执行元件启动、停止和换向。根据方向控制阀的功能、控制方式、结构方式、阀内气流的方向及密封形式等，可将方向控制阀分为若干类，见表 9—3。

表 9—3　　气动方向控制阀的分类

分类方式	形式
按阀内气体的流动方向	单向阀、换向阀
按阀芯的结构形式	截止阀、滑阀
按阀的密封形式	硬质密封、软质密封
按阀的工作位数及通路数	二位三通、二位五通、三位五通等
按阀的控制操纵方式	气压控制、电磁控制、机械控制、手动控制

（1）单向型方向阀的结构和工作原理

单向型的方向阀包括单向阀、或门型梭阀、与门型梭阀和快速排气阀。

1）单向阀的结构和工作原理。单向阀可分普通单向阀和气控单向阀。

①普通单向阀的结构和工作原理。普通单向阀是指气流只能向一个方向流动，而不能反向流动的阀，且压降较小。单向阀的工作原理、结构和图形符号与液压传动中的单向阀基本相同。这种单向阻流作用，可由锥密封、圆密封、球密封或膜片来实现。

图 9—5 所示为普通单向阀的结构、工作原理和图形符号，它由阀体、阀芯、弹簧等组成。图示位置为阀芯在弹簧力作用下关闭的情形。当压缩空气从 P 口进入时，作用在阀芯上的气压力克服弹簧张力和摩擦力将阀芯向左推开，P 口与 A 口接通，气流从 P 口流向 A 口，这种流动称为正向流动。为了保证气流从 P 口到 A 口稳定流动，应在 P 口到 A 口之间保持一定的压力差，使阀保持在开启位置，若在 A 口加入气压，由于气压力和弹簧张力同向，P 口与 A 口不通，即气流不能反向流动。

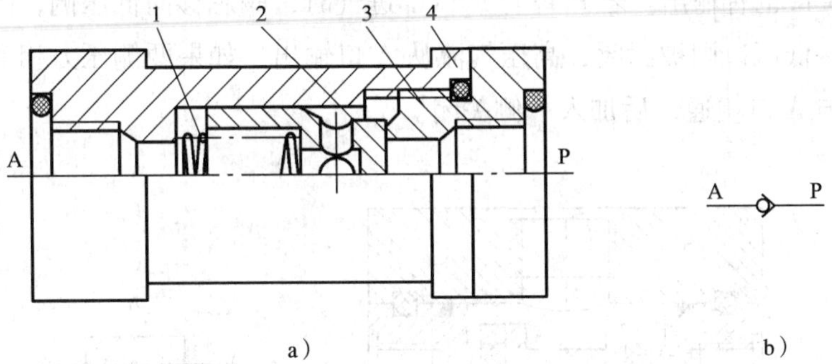

图 9—5　普通气动单向阀

a）结构原理　b）图形符号

1—弹簧　2—阀芯　3—阀座　4—阀体

②气控单向阀的结构和工作原理。图 9—6 所示为气控单向阀的结构、工作原理、图形符号和应用示例，这种阀在 X 控制口无控制气流时，与普通单向阀一

样，只允许气流从 P 口流向 A 口，不允许气流反向流动；在 X 控制口有控制气流时，气流可从 A 口向 P 口流动。

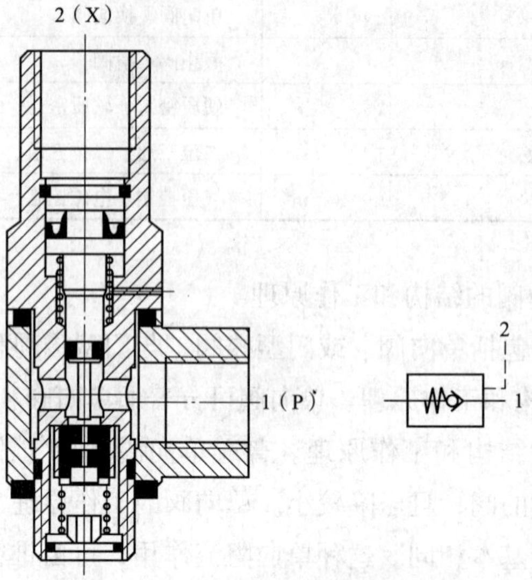

a）　　　　b）

图 9—6　气控单向阀

a）结构原理　b）图形符号

图 9—7 所示为或门型梭阀的结构、工作原理和图形符号，它有两个输入口 P_1 和 P_2，一个输出口 A，阀芯在两个方向上起单向阀的作用。其中，P_1 和 P_2 都可与 A 口相通，但 P_1 与 P_2 不相通。当 P_1 口进气时，阀芯右移，封住 P_2 口，使 P_1 口与 A 口相通，A 口输出。反之，P_2 口进气时，阀芯左移，封住 P_1 口，使 P_2 口与 A 口相通，A 口也有输出。若 P_1 口与 P_2 口都进气时，阀芯移向低压侧，则高压口的通道打开，低压口则被封闭，高压气流从 A 口输出。如果两侧压力相等，先加入压力一侧与 A 口相通，后加入一侧关闭。

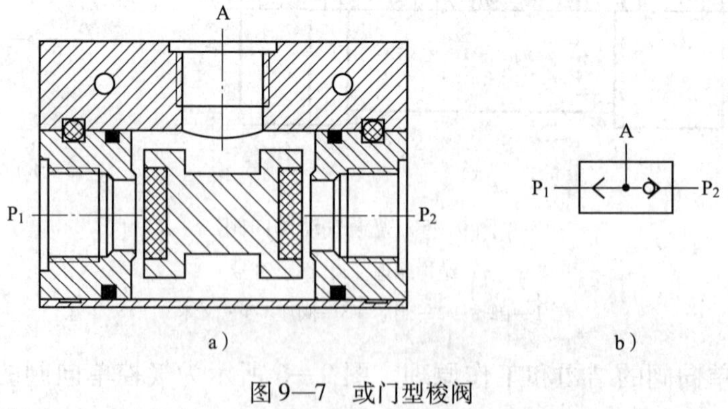

a）　　　　b）

图 9—7　或门型梭阀

a）结构原理　b）图形符号

2）快速排气阀的结构和工作原理。快速排气阀简称排气阀，它可使气缸快速排气。

图 9—8 所示为快速排气阀的结构、工作原理和图形符号。快速排气阀常安装在气缸排气口，当 P 腔有压力时，膜片 1 被压下，堵住排气口 O，气流经膜片 1 四周小孔流向 A 腔，当 P 腔排空时，A 腔压力将膜片顶起，接通 A 腔和 O 腔通路，A 腔气体可快速排出。

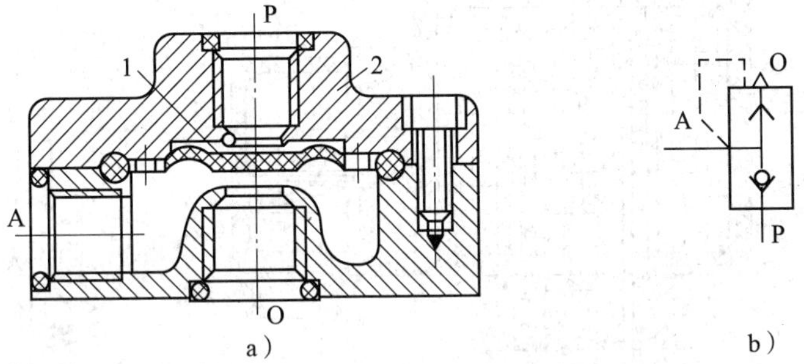

图 9—8　快速排气阀

a）结构原理　b）图形符号

1—膜片　2—阀体

（2）换向型方向阀的结构和工作原理

换向型方向阀的作用是通过改变气流通道，改变气流方向，从而改变执行元件的运动方向。按控制方式换向型方向阀可分为气动控制式、电磁控制式、手动控制式、机动控制式等。

1）电磁换向阀的工作原理。电磁阀里有密闭的腔，在不同位置开有通孔，每个孔都通向不同的气管，腔中间是阀，两面是两块电磁铁，哪面的磁铁线圈通电阀体就会被吸引到哪边，通过控制阀体的移动来挡住或漏出不同的排气的孔，而进气孔是常开的，压缩空气就会进入不同的排气管，然后通过气的压力来推动气缸的活塞，活塞又带动活塞杆，活塞杆带动机械装置运动。这样，通过控制电磁铁的电流通断就控制了机械运动。

2）电磁换向阀的分类。按操作方式的不同电磁换向阀可分为直动式和先导式两种。

①直动式电磁换向阀的结构和工作原理。图 9—9 所示为二位三通直动式电磁换向阀的结构、工作原理和图形符号，它由阀体 1、复位弹簧 2、动铁芯 3、连接板 4、线圈 5、隔磁套管 6、分磁环 7、静铁芯 8、接线盒 9 等组成。图示位置为阀处于关闭状态的情形，动铁芯在弹簧力作用下，使铁芯上的密封垫与阀座保

持良好的密封，此时，P 口与 A 口不通，A 口与 O 口相通，阀没有输出。当电磁铁通电时，动铁芯受电磁力作用被吸上来，于是 P 口与 A 口相通，排气口封闭，阀有输出。

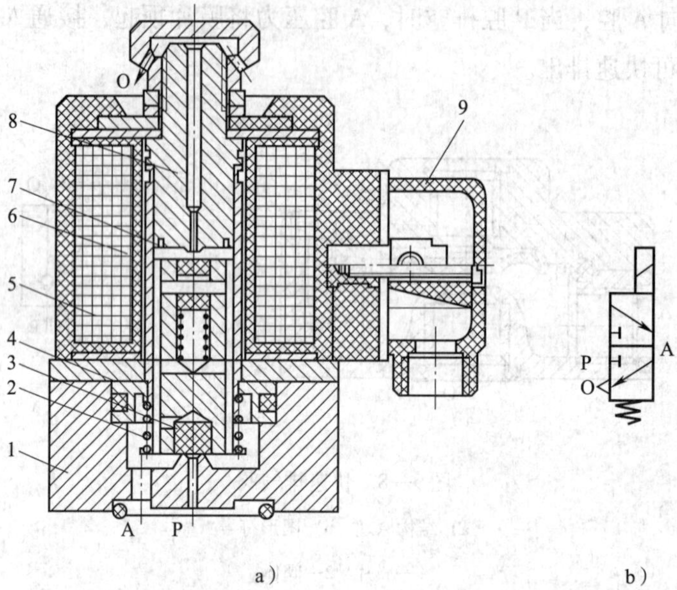

图 9－9　二位三通直动式电磁换向阀

a）结构原理　b）图形符号

1—阀体　2—复位弹簧　3—动铁芯　4—连接板　5—线圈

6—隔磁套管　7—分磁环　8—静铁芯　9—接线盒

②先导式电磁换向阀的结构和工作原理。直动式电磁阀是由电磁铁直接推动阀芯移动的，当阀通径较大时，用直动式结构所需的电磁铁体积和电力消耗都必然加大，为克服此弱点可采用先导式结构。先导式电磁阀是由电磁铁首先控制气路，产生先导压力，再由先导压力推动主阀阀芯，使其换向。图 9—10 所示为二位五通先导式电磁换向阀的结构、工作原理和图形符号。

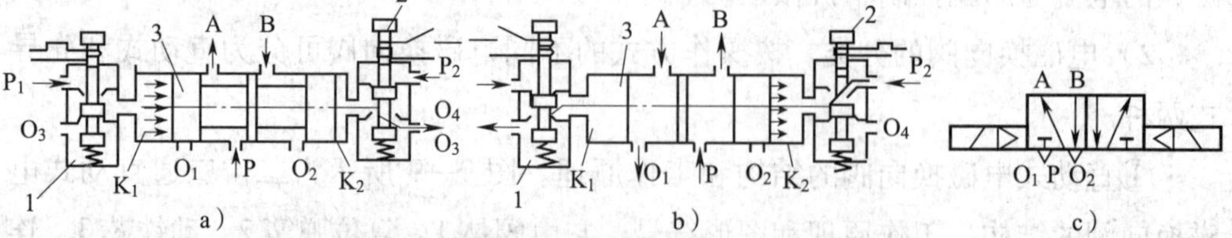

图 9—10　二位五通先导式电磁换向阀

a）先导阀 1 通电，先导阀 2 断电的状态　b）先导阀 1 断电，先导阀 2 通电的状态　c）图形符号

2. 流量控制阀的结构和工作原理

流量控制阀的作用是控制和调节气体流量。

(1) 节流阀

节流阀（见图 9—11）通过调节阀的开度来调节空气的流量。

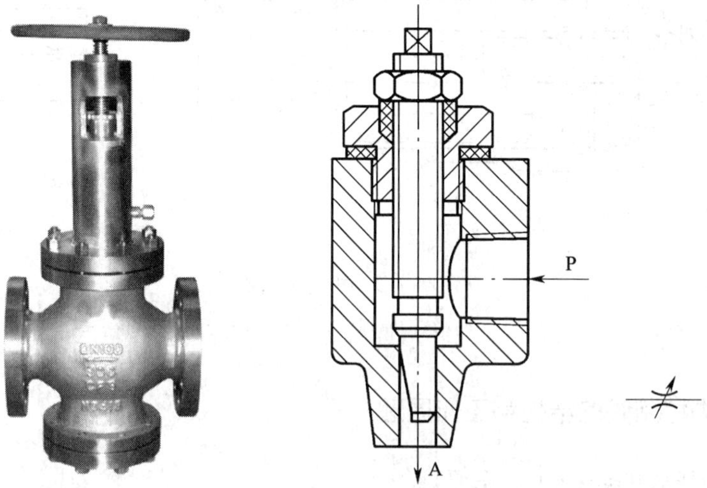

a)　　b)　　c)

图 9—11　节流阀

a）实物图　b）结构原理　c）图形符号

(2) 单向节流阀

单向节流阀（见图 9—12）由单向阀和节流阀并联而成，节流阀只在一个方向上起流量控制的作用，相反方向的气流可以通过单向阀自由流通。利用单向节流阀可以实现对执行元件每个方向上的运动速度的单独调节。

a)　　b)

图 9—12　单向节流阀

a）实物图　b）图形符号

(3) 排气节流阀

排气节流阀（见图 9—13）装在执行元件的排气口处，调节排入大气的流量，以改变执行元件的运动速度。它常带有消声器以降低排气噪声。

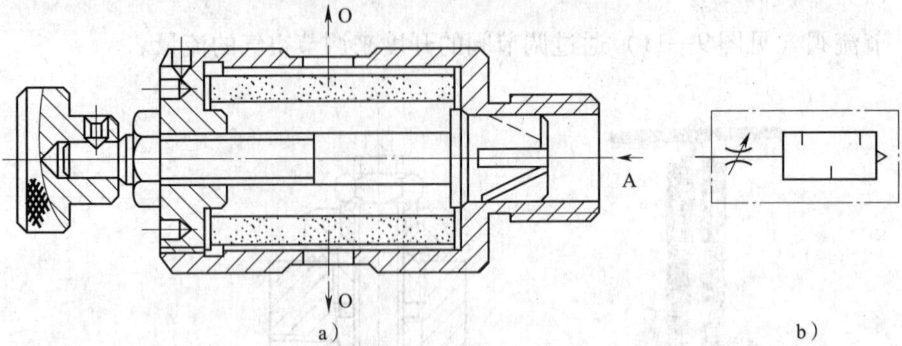

a）　　　　b）

图 9—13　排气节流阀

a）结构原理　b）图形符号

3. 压力控制阀的结构和工作原理

(1) 减压阀的结构和工作原理

气动系统不同于液压系统，一般每一个液压系统都自带液压源（液压泵）；而在气动系统中，一般来说由空气压缩机先将空气压缩，储存在储气罐内，然后经管路输送给各个气动装置使用。而储气罐的空气压力往往比各台设备实际所需要的压力高些，同时其压力波动值也较大。因此，需要用减压阀将其压力减到每台装置所需的压力，并使减压后的压力稳定在所需压力值上。

减压阀有直动式和先导式两种。先导式减压阀又分为内部先导式减压阀和外部先导式减压阀两种。

1）直动式减压阀的结构和工作原理。图 9—14 所示为 QTY 型直动式减压阀的结构、工作原理和图形符号，它由手柄 1、调压弹簧 2、调压弹簧 3、溢流口 4、膜片 5、膜片室 6、阻尼孔 7、阀杆 8、复位弹簧 9、阀口 10、排气孔 11 等组成。

当阀处于工作状态时，压缩空气从左端输入，经阀口 10 节流减压后再从阀出口流出。调节手柄 1，压缩弹簧 2、3 推动膜片 5 下凹，并通过阀杆 8 使阀芯下移，打开进气阀口 10，压缩空气通过阀口节流作用，使输出空气压力低于输入压力，以实现减压作用。与此同时，输出气流的一部分由阻尼孔 7 进入膜片室 6，在膜片 5 的下方产生一个向上的推力，这个推力总是企图把阀口开度关小，使其输出压力下降。当作用于膜片上的推力与弹簧力相平衡后，减压阀的输出压力便保持一定。阀口 10 开度越小，节流作用越强，压力下降也越多。

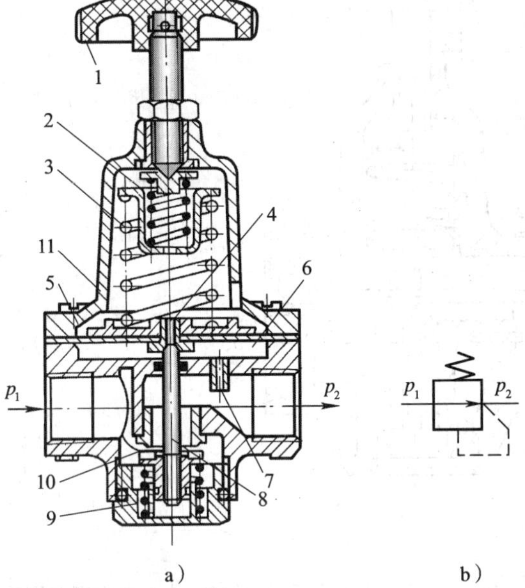

图 9—14　QTY 形直动式减压阀的结构、工作原理及图形符号

a）结构原理　b）图形符号

1—手柄　2、3—调压弹簧　4—溢流口　5—膜片　6—膜片室　7—阻尼孔

8—阀杆　9—复位弹簧　10—阀口　11—排气孔

当输入压力发生波动时，如输入压力瞬时升高，经阀口 10 以后的输出压力也随之升高，使膜片室内的压力也升高，破坏了原来的力的平衡，使膜片 5 向上移动，有少量气体经溢流口 4、排气孔 11 排出。在膜片上移的同时，因复位弹簧 9 的作用，使输出压力下降，直到新的平衡为止。重新平衡后的输出压力又基本上恢复至原值。反之，输出压力瞬时下降，膜片下移，进气口开度增大，节流作用减小，输出压力又基本上回升至原值。

调节手柄 1 使弹簧 2、3 恢复自由状态，输出压力降至零，阀芯在复位弹簧 9 的作用下，关闭进气阀口，这样，减压阀便处于截止状态，无气流输出。

2）先导式减压阀的结构和工作原理。图 9—15 所示为内部先导式减压阀的结构、工作原理和图形符号，它由固定节流孔 1、喷嘴 2、挡板 3、上气室 4、中气室 5、下气室 6、阀杆 7、排气孔 8、阀口 9 等组成。

当气流从左端流入阀体后，一部分经进气阀口 9 流向输出口；另一部分经固定节流口 1 进入中气室 5，然后经喷嘴 2、挡板 3、孔道反馈至下气室 6，再经阀杆 7 中心孔及排气孔 8 排至大气。

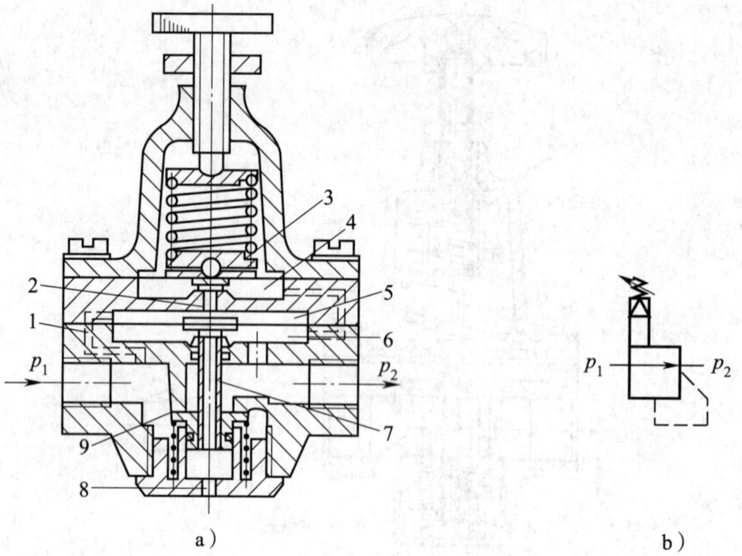

图 9—15　内部先导式减压阀的结构 、工作原理及图形符号

a）结构原理　b）图形符号

1—固定节流孔　2—喷嘴　3—挡板　4—上气室　5—中气室

6—下气室　7—阀杆　8—排气孔　9—阀口

把手柄旋到一定位置，使喷嘴挡板的距离在工作范围内，减压阀进入工作状态。中气室 5 的压力随喷嘴与挡板间的距离的减小而增大，于是推动阀芯打开进气阀口 9，立即有气流流到出口，同时经孔道反馈到上气室 4，与调压弹簧相平衡。

若输入压力瞬时升高，输出压力也相应升高，通过孔口的气流使下气室 6 的压力也升高，破坏了膜片原有的平衡，使阀杆 7 上升，节流阀口减小，节流作用增强，输出压力下降，使膜片两端作用力重新平衡，输出压力恢复到原来的调定值。当输出压力瞬时下降时，经喷嘴与挡板的放大也会引起中气室 5 的压力比较明显地提高而使阀芯下移，阀口开大，输出压力升高并稳定在原来的数值上。

（2）溢流阀的结构和工作原理

溢流阀的作用是当气动系统的压力上升到调定值时，与大气相通以保持系统压力的调定值。它可分为直动式溢流阀和先导式溢流阀两种。

图 9—16 所示为直动式溢流阀的结构、工作原理和图形符号，它由调节螺钉 1、弹簧 2、活塞 3、阀体等组成。

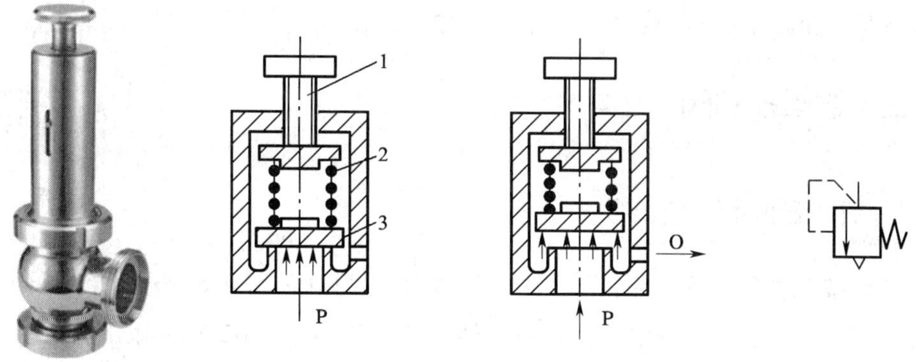

a)　　b)　　c)　　d)

图 9—16　直动式溢流阀的结构、工作原理及图形符号

a）实物图　b）关闭状态　c）开启状态　d）图形符号

1—调节螺钉　2—弹簧　3—活塞

当系统中气体压力在调定范围内时，作用在活塞 3 上的压力小于弹簧 2 的力，活塞处于关闭状态（见图 9—16a）。当系统压力升高，作用在活塞 3 上的压力大于弹簧的预定压力时，活塞 3 向上移动，阀门开启排气（见图 9—16b），直到系统压力降到调定范围以下，活塞又重新关闭。开启压力的大小与弹簧的预压量有关。

（3）顺序阀的结构和工作原理

顺序阀是依靠气路中压力大小来控制气动回路中各执行元件动作的先后顺序的压力控制阀。顺序阀一般很少单独使用，往往与单向阀配合在一起，构成单向顺序阀。图 9—17 所示为单向顺序阀的结构、工作原理和图形符号。

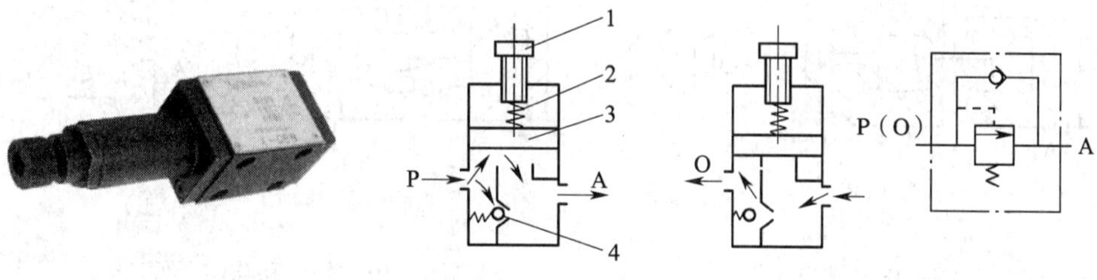

a)　　b)　　c)　　d)

图 9—17　单向顺序阀的结构、工作原理及图形符号

a）实物图　b）正向流动　c）反向流动　d）图形符号

1—调节手柄　2—弹簧　3—活塞　4—单向阀

当压缩空气由左端进入阀腔后，作用于活塞 3 上的气压力超过压缩弹簧 3 上的张力时，将活塞顶起，压缩空气从 A 输出，见图 9—17a，此时单向阀 4 在压差

力及弹簧力的作用下处于关闭状态。反向流动时，输入侧变成排气口，输出侧压力将顶开单向阀 4 由 O 口排气，如图 9—17b 所示。

三、逻辑控制阀

1. 气动逻辑元件的分类

（1）按工作压力分为高压元件（工作压力为 0.2 ~0.8 MPa）、低压元件（工作压力为 0.02 ~0.2 MPa）、微压元件（工作压力为 0.02 MPa 以下）。

（2）按结构形式分为截止式、膜片式、滑阀式。

（3）按逻辑功能分为或门元件、与门元件、非门元件、与非门元件和双稳元件。

2. 高压截止式逻辑元件

高压截止式逻辑元件是依靠气压控制信号推动阀芯或通过膜片变形推动阀芯动作，来改变气流的方向，以实现一定逻辑功能的逻辑元件。

（1）或门。图 9—18 所示为或门元件的工作原理和图形符号。

（2）是门和与门。图 9—19 所示为是门和与门元件的工作原理和图形符号。

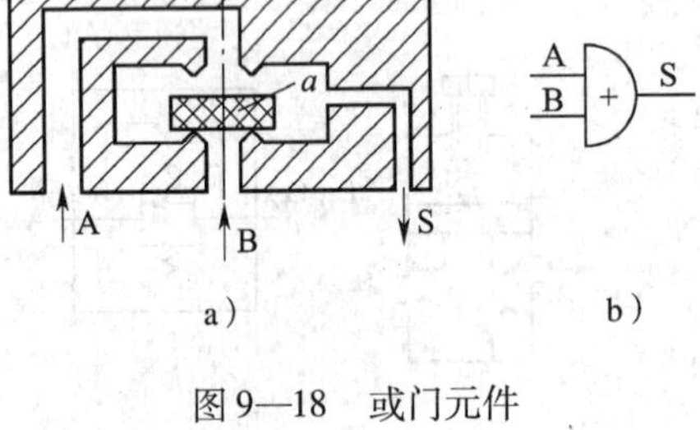

图 9—18　或门元件

a）结构原理　b）图形符号

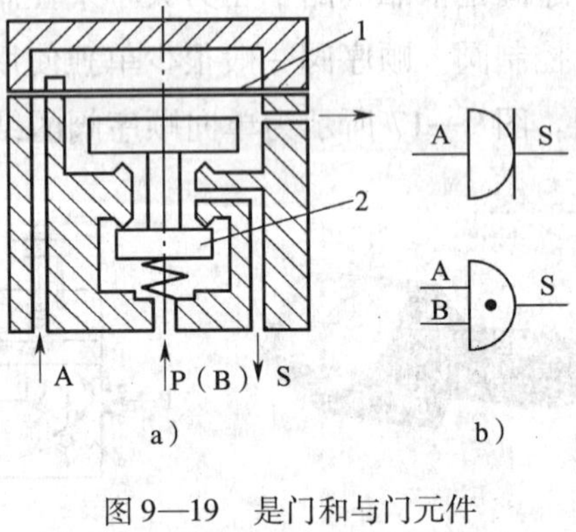

图 9—19　是门和与门元件

a）结构原理　b）图形符号

1—膜片　2—阀芯

（3）非门与禁门。图 9—20 所示为非门和禁门元件的工作原理和图形符号。

（4）或非元件。图 9—21 所示为或非元件的工作原理和图形符号。

（5）双稳元件。图 9—22 所示为双稳元件的工作原理和图形符号。

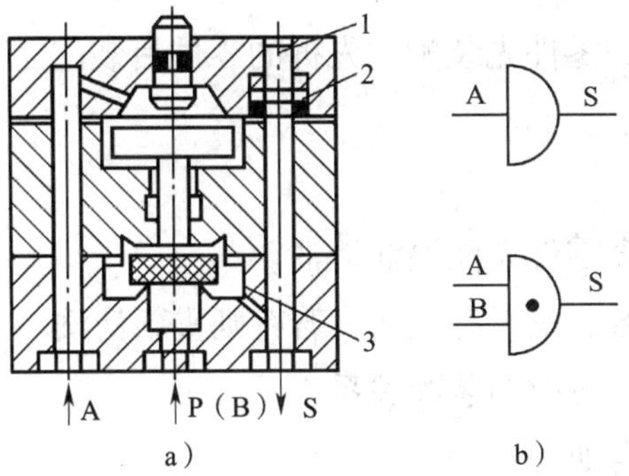

图 9—20　非门与禁门元件

a）结构原理　b）图形符号

1—活塞　2—膜片　3—阀芯

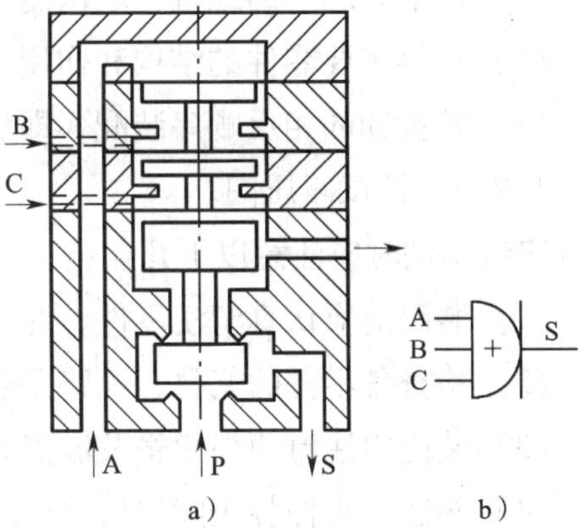

图 9—21　或非门元件

a）结构原理　b）图形符号

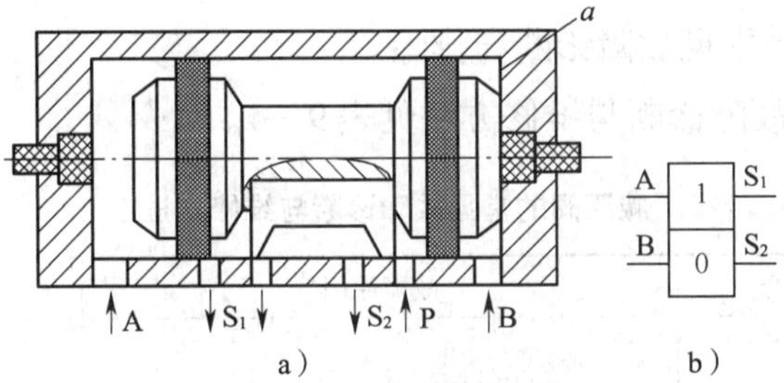

图 9—22　双稳元件

a）结构原理　b）图形符号

任务实施

气压传动元件（减压阀）的拆装与调试

图 9—14 所示为 QTY 型直动式减压阀的结构、工作原理和图形符号，我们以这种阀为例说明减压阀的拆装步骤和方法。

步骤 1，拆卸减压阀。

（1）准备好内六角扳手一套、橡胶板一块、钳工工具一套。

（2）将调压手柄 1 完全松开，再卸下手柄 1 及推杆。

（3）卸下减压阀上体和下体上的连接螺钉，将它们分开。

（4）卸下调压弹簧 2、3。

（5）卸下膜片5。

（6）卸下阀芯下的螺母，取出复位弹簧9、阀杆8及阀芯。

（7）观察主要零件的结构和作用。

（8）按拆卸的相反顺序装配，即后拆的零件先装配，先拆的零件后装配。

步骤2，调试减压阀。

安装调试时应注意以下几点：

（1）装配前应认真清洗零件，并将配合零件表面涂润滑油。

（2）检查各零件的气孔、气路是否畅通、是否有尘屑，若有则重新清洗。

（3）装配中注意两根弹簧及溢流阀阀座之间的装配关系。

（4）阀芯、阀杆装入阀体后，应运动自如。

（5）阀体上体和下体平面应完全贴合后，才能用螺钉连接，螺钉要分两次拧紧，并按对角线顺序进行。

（6）将阀外表面擦拭干净，整理工作台。

步骤3，减压阀常见故障诊断与排除。

减压阀的常见故障诊断与维修方法见表9—4。

表9—4　　减压阀的常见故障诊断与维修方法

序号	故障现象	故障原因	维修方法
1	输出压力升高	（1）阀内弹簧损坏 （2）阀座有伤痕，或阀座橡胶剥离损坏 （3）阀体中央进入灰尘，阀导向部分黏附异物 （4）阀芯导向部分和阀体的O型密封圈收缩、膨胀	（1）更换阀内弹簧 （2）更换阀体 （3）清洗、检查滤清器 （4）更换O型密封圈
2	压力降过大	（1）阀口径偏小 （2）阀底部积存冷凝水，阀内混入异物	（1）更换口径大的减压阀 （2）清洗、检查滤清器
3	外部总是漏气	（1）溢流阀座有伤痕 （2）膜片破裂 （3）由出口处进入背压空气 （4）密封垫片损坏 （5）手轮止动弹簧螺母松动	（1）更换溢流阀座 （2）更换膜片 （3）检查出口处的装置 （4）更换密封垫片 （5）拧紧手轮止动弹簧螺母松动

续表

序号	故障现象	故障原因	维修方法
4	异常振动	（1）弹簧的弹力减弱，弹簧错位 （2）阀体的中心与阀杆的中心错位 （3）因空气消耗量周期变化使阀不断开启、关闭，与减压阀引起共振	（1）把弹簧调整到正常位置，更换弹力减弱的弹簧 （2）检查并调整位置偏差 （3）和制造厂协商或更换
5	拧动手轮但不能减压	（1）溢流阀溢流孔堵塞 （2）使用了非溢流式减压阀	（1）清洗过滤器 （2）更换溢流式减压阀

任务拓展

节流阀的拆装与调试

1. 任务要求

（1）能按要求拆装节流阀。

（2）能够调试节流阀，并能排除常见故障。

2. 实施步骤

步骤1，拆卸节流阀。

（1）准备好内六角扳手一套、橡胶板一块、钳工工具一套。

（2）卸下斜切型阀芯上的螺母（见图9—23）。

（3）卸下圆柱斜切型阀芯。

（4）观察主要零件的结构和作用。

（5）按拆卸的相反顺序装配，即后拆的零件先装配，先拆的零件后装配。

步骤2，装配时应注意以下几点。

（1）装配前应认真清洗零件，并将配合零件表面涂润滑油。

（2）检查各零件的气孔、气路是否畅通，是否有尘屑，若有则重新清洗。

（3）将阀外表面擦拭干净，整理工作台。

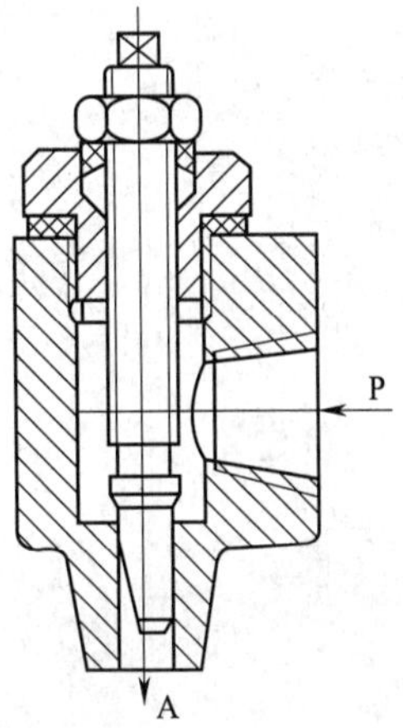

图9—23　节流阀

步骤 3，单向节流阀常见故障诊断与排除方法见表 9—5。

表 9—5　　单向节流阀常见故障诊断与排除方法

序号	故障现象	故障原因	排除方法
1	气缸虽然能动，但运动不圆滑	（1）单向节流阀的安装方向不对 （2）气缸运动途中负载有变动 （3）气缸用于超过低速极限	（1）按规定方向重新安装 （2）减少气缸的负载率 （3）低速极限为 50 mm/s，超过此极限宜用气液缸或气液转换器
2	气缸运动速度慢	和元件、配管比，单向节流阀的有效截流面积过小	更换合适的单向节流阀
3	微调困难	（1）节流阀缝有尘埃进入 （2）选择了比规定大得多的单向节流阀	（1）拆卸通路并清洗 （2）按规定选用单向节流阀
4	产生振动	单向节流阀中单向阀的开启压力接近气源压力，导致单向阀振动	改变单向阀的开启压力

思考与练习

1. 气缸用于实现________或____________。
2. 压力控制阀是利用________和弹簧力相平衡的原理进行工作的。

任务十　气压传动常用回路的安装与调试

任务描述

送料装置在工业自动化控制中应用极其广泛，它可以将物料从料仓中推到加工位置或输送带上，如图 10－1a 所示。也可以将在输送带上的物料送到料槽或加工位置上，以便进入下一道工序，如图 10－1b 所示。气压传动是以气体的压力能传递动力的传动方式，它具有成本低、结构简单、无污染、工作速度快、动作频率高、过载安全性良好等特点，在木工机械、包装机械、修理机械、轻工机械等设备中应用十分广泛。本任务要求通过查询相关资料能够认识各种气动基本回路的原理图，能够分析气动传动常用回路的应用，能够安装与调试送料装置的气动系统控制回路。

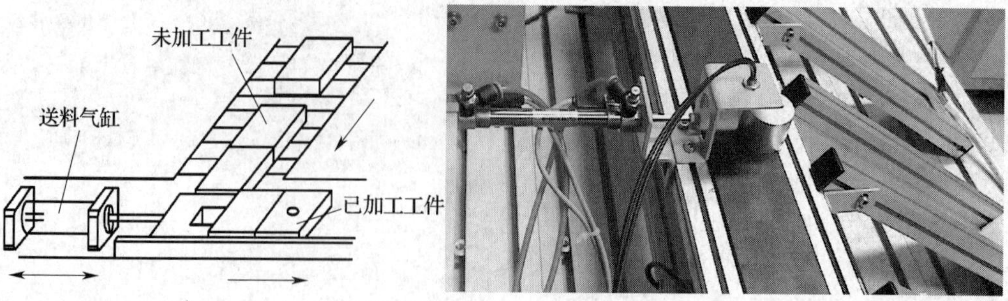

a)　　　　b)

图 10—1　送料装置工作示意图

任务分析

一、学习目标

1. 认识气动方向阀、压力阀和流量阀的工作原理及应用。
2. 能够熟练分析气动控制回路的工作原理及应用。
3. 能够分析送料装置的气动系统控制回路的工作原理。
4. 能够安装与调试送料装置的气动系统控制回路。
5. 能够总结气动方向控制回路的实际应用。

二、工作过程与学习活动

1. 相关知识（各种气动控制回路）。
2. 任务实施（送料装置的气动系统控制回路的安装与调试）。
3. 任务拓展（拉门的自动开闭回路系统的安装与调试）。

建议学时

8 学时。

1. 气动控制阀有哪些？它们的功能如何？
2. 各种气动控制回路的工作原理是怎样的？
3. 送料装置的气动系统控制回路的工作原理是怎样的？
4. 送料装置的气动系统控制回路如何安装与调试？

相关知识

一、气动方向控制回路

1. 单作用气缸换向回路和双作用气缸换向回路

（1）单作用气缸换向回路

在图 10—2 所示回路中，当电磁铁通电时，二位三通换向阀接入右位，气压使活塞伸出工作；而电磁铁断电时，活塞杆在弹簧作用下缩回。

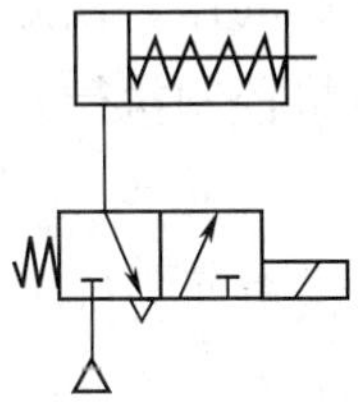

图 10—2 单作用气缸换向回路

（2）双作用气缸换向回路

图 10—3 所示为各种双作用缸的控制回路。在图 10—3a 所示回路中，通过对换向阀上、下切换，使活塞杆伸出和缩回。在图 10—3b 所示回路中，当有气控信号 A 时气缸活塞杆向右运动，反之则向左退回。图 10—3c 所示为三位五通气控阀和手动二位三通控制的换向回路，当按下手动阀换向时，由手动阀控制气流推动二位五通换向阀换向，气缸活塞杆外伸；松开手动阀，则活塞杆返回。如图 10—3d、e 所示回路中的两端控制电磁铁的线圈或按钮不能同时操作，否则将出现误动作，其回路相当于双稳的逻辑功能；如图 10—3f 所示的回路还有中位停止功能，但中停定位精度不高。

2. 直接控制回路和间接控制回路

按照控制方式不同，方向控制回路可分为直接控制回路与间接控制回路。

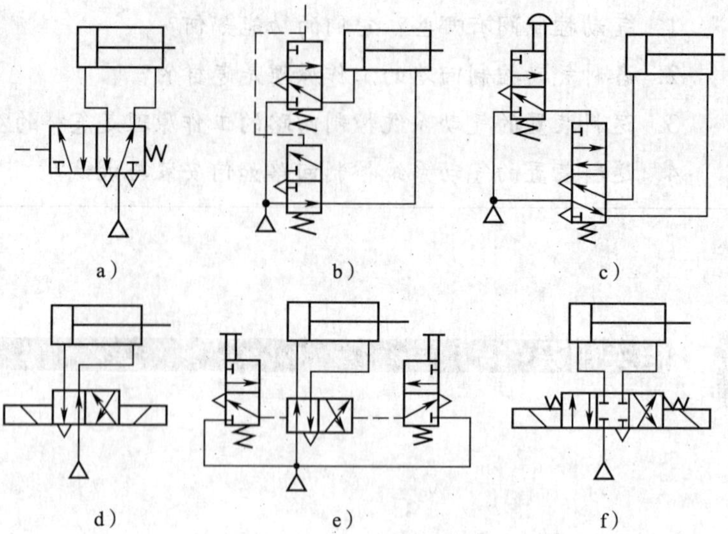

图 10—3　双作用气缸换向回路

（1）直接控制回路与间接控制回路的定义

如图 10—4a 所示，通过人力或外力直接控制换向阀以实现对执行元件动作的控制，这种控制方式称为直接控制。间接控制则指的是执行元件由气控换向阀来控制动作，人力、机械、外力等外部输入的信号只是用来控制换向阀的换向，不直接控制执行元件的动作，如图 10—4b 所示。

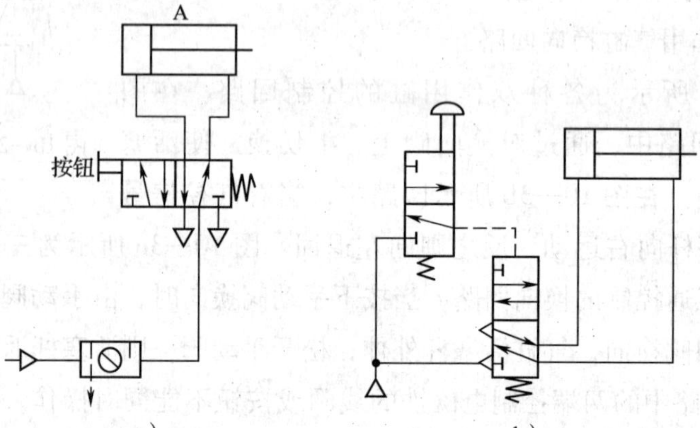

图 10—4　气缸的直接控制与间接控制

a）直接控制　b）间接控制

（2）直接控制与间接控制的特点

直接控制所用元件少，回路简单，主要用于单作用气缸或双作用气缸的简单控制，但无法满足换向条件比较复杂的控制要求。而且由于直接控制是由人力和机械外力直接操控换向阀换向的，操作力较小，只适用于所需气流量较少和控制阀的尺寸相对较小的场合。

间接控制主要用于下面两种场合：控制要求比较复杂的回路、高速或大口径执行元件的控制。

二、气动压力控制回路

1. 一次压力控制回路

常用外控溢流阀 1 保持供气压力基本恒定或用电接点式压力表 5 来控制空气压缩机的转、停，使储气罐内压力保持在规定的范围内。采用溢流阀结构较简单、工作可靠，但气量浪费大；采用电接点式压力表对电动机进行控制要求较高，常用于对小型空压机的控制。一次压力控制回路一般安装在气源装置上，如图 10—5 所示。

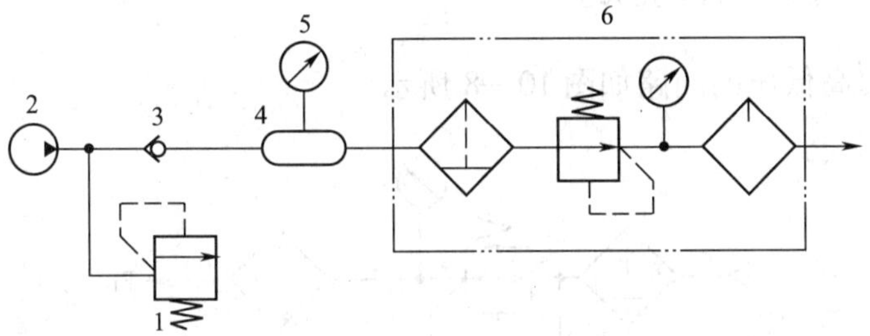

图 10—5 一次压力控制回路

1—溢流阀 2—空气压缩机 3—单向阀 4—气罐 5—压力表 6 气动三联件

2. 二次压力控制回路

二次压力回路利用溢流式减压阀来实现定压控制，其主要作用是控制气动控制系统的气源压力。二次压力控制回路一般装在设备上，如图 10—6 所示。

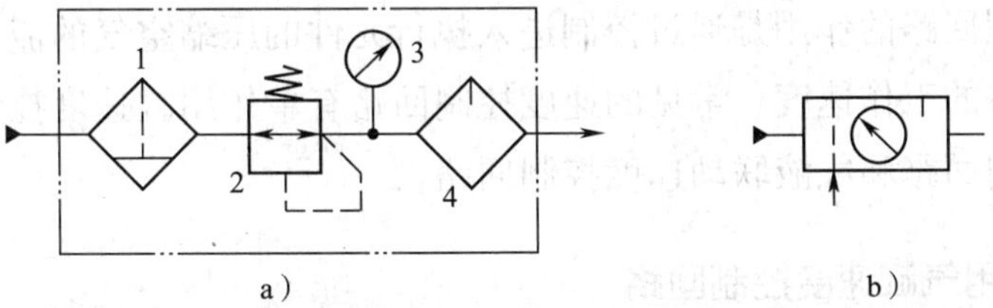

图 10—6 二次压力控制回路

1—空气过滤器 2—减压阀 3—压力表 4—油雾器

3. 利用换向阀控制高低压力切换的控制回路

由换向阀控制输出气动装置所需要的压力，该回路适用于负载差别较大的场合，如图 10—7 所示。

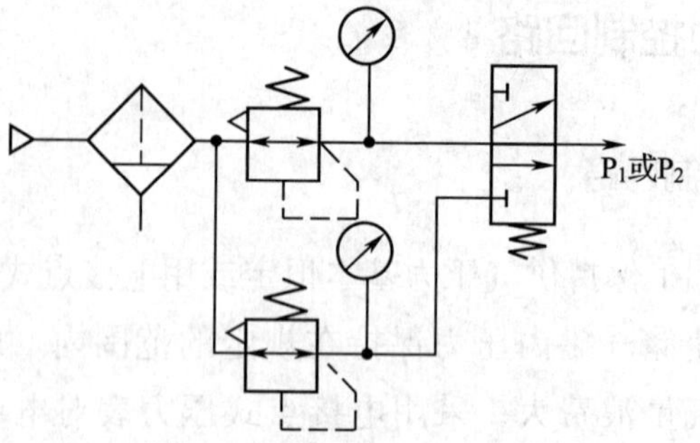

图 10—7　利用换向阀控制高低压力切换的控制回路

4. 同时输出高低压的回路

同时输出高低压的回路如图 10—8 所示。

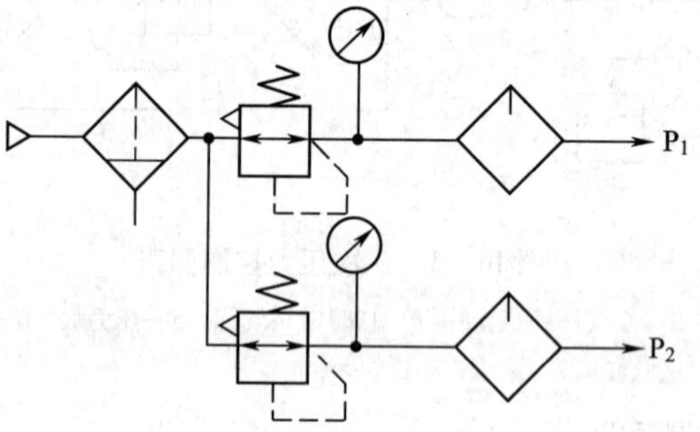

图 10—8　同时输出高低压的回路

三、气动速度控制回路

速度控制回路的作用是通过控制进入执行元件的压缩空气的流量，来调节或改变执行元件的工作速度。常见的速度控制回路有单作用缸速度控制回路、双作用缸速度控制回路和气液联动速度控制回路。

1. 单作用气缸速度控制回路

原理：通过改变节流阀的开口来调节活塞速度。

特点：运动平稳性和速度刚度都较差，易受外负载变化的影响。

应用场合：适用于对速度稳定性要求不高的场合。

分类：

(1) 采用节流阀的调速回路如图 10—9 所示，

(2) 采用单向节流阀的调速回路如图 10—10 所示。

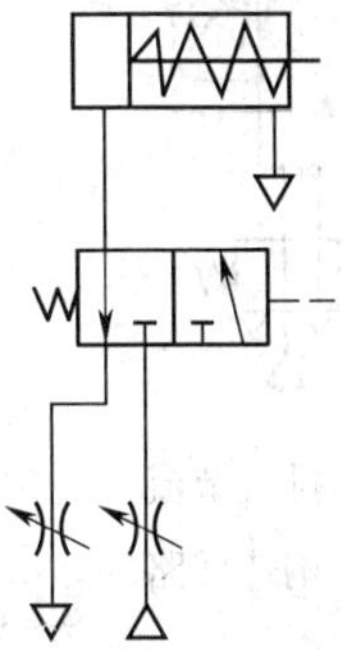

图 10—9 采用节流阀的调速回路

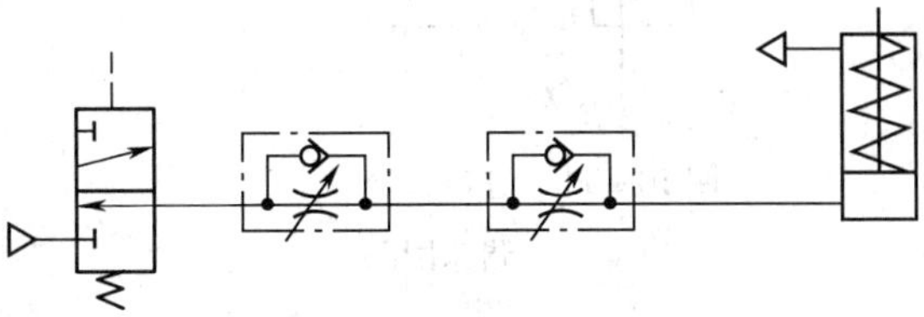

图 10—10 采用单向节流阀的调速回路

2. 双作用气缸速度控制回路

(1) 进口节流调速回路

原理：图 10—11 所示为双作用气缸的进气节流调回路的组成和工作原理。在进气节流时，气缸排气腔压力很快降至大气压，而进气腔压力的升高比排气腔压力的降低慢。当进气腔压力产生的合力大于活塞静摩擦力时，活塞开始运动，由于动摩擦力小于静摩擦力，所以活塞运动速度较快，进气腔急剧增大，而由于进气节流限制了供气速度，使进气腔压力降低，从而容易造成气缸爬行现象。因此进气节流调速回路多用在垂直安装的气缸支撑腔的调速回路中。

特点：承载能力大，但不能承受负值负载，运动平稳性差，受外负载变化的影响大。

适用场合：速度稳定性要求不高的场合。

(2) 排气节流调速回路

原理：图 10—12 所示为双作用气缸排气节流调速回路的组成和工作原理。在排气节流时，排气腔内可以建立与负载相适应的背压，在负载保持不变或微小变动时，运动比较平稳，调节节流阀的开度即可调节气缸往复运动的速度。从节流阀的开度和速度的比例性、初始加速度、缓冲能力来看，双作用气缸一般采用排气节流控制。

特点：该回路可承受负值负载，运动平稳性好，受外负载变化的影响较小。

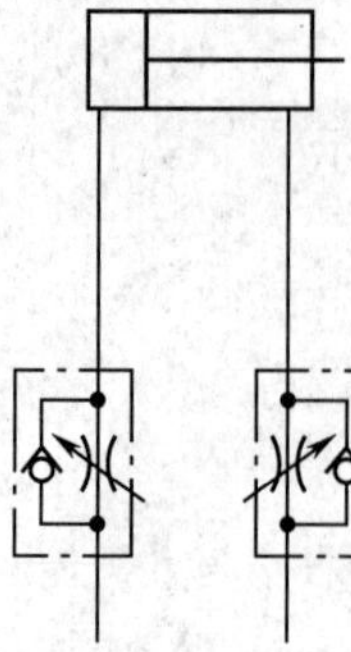

图 10—11　进口节流调速回路

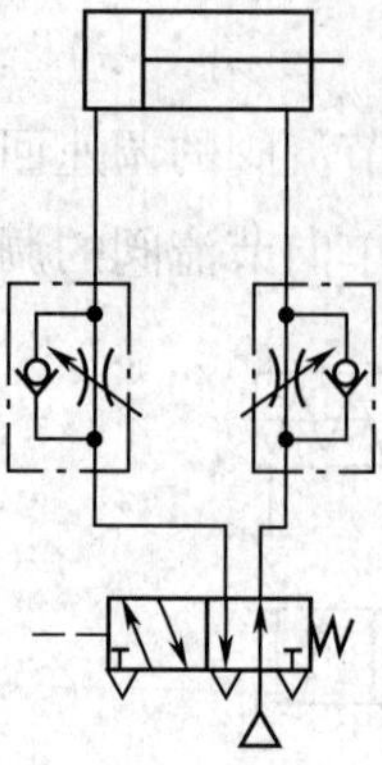

图 10—12　排气节流调速回路

3．气液联动速度控制回路

原理：图 10—13 所示为气液联动速度控制回路的组成和工作原理。这种回路利用气液转换器，将气压变成液压，靠液压油驱动液压缸，从而得到平稳且容易控制的活塞运动速度。通过调节两个节流阀的开度实现气缸两个运动方向的速度控制。采用气液调速回路时应注意气液转换器的容积要大于液压缸的容积，气、液间的密封要好，避免气体混入油中。

特点：气液联动速度控制回路是用气动控制实现液压传动，具有运动平稳、停止准确、泄漏途径少、制造维修方便、能耗低等特点。

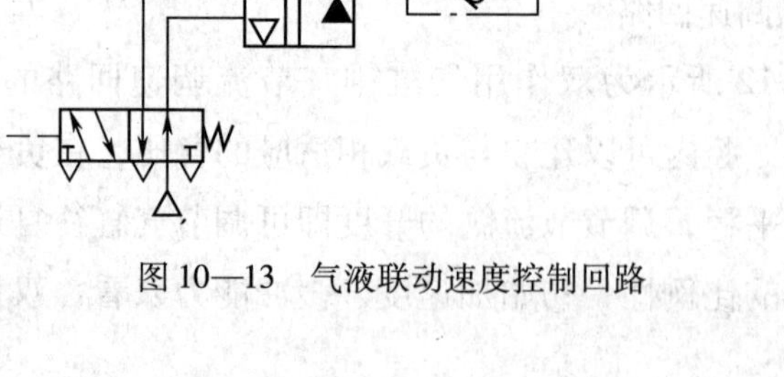

图 10—13　气液联动速度控制回路

送料装置的气动系统控制回路的安装与调试

送料装置的工作要求为：当工件加工完成后，按下按钮，送料气缸伸出，把未加工的工件送入加工位置，松开按钮，气缸收回，以待把下一个未加工工件送到加工位置。在气压实训台上安装和调试送料装置的气动系统控制回路。

对于图 10—1 所示送料装置的气动控制回路设计，可采用图 10—14 所示的直接控制回路完成，也可以采用图 10—15 所示的间接控制回路完成。

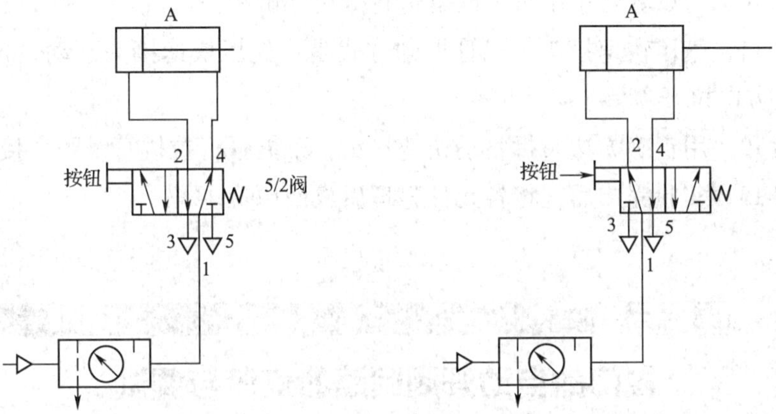

图 10—14　送料装置直接控制回路

a）右位接入　b）左位接入

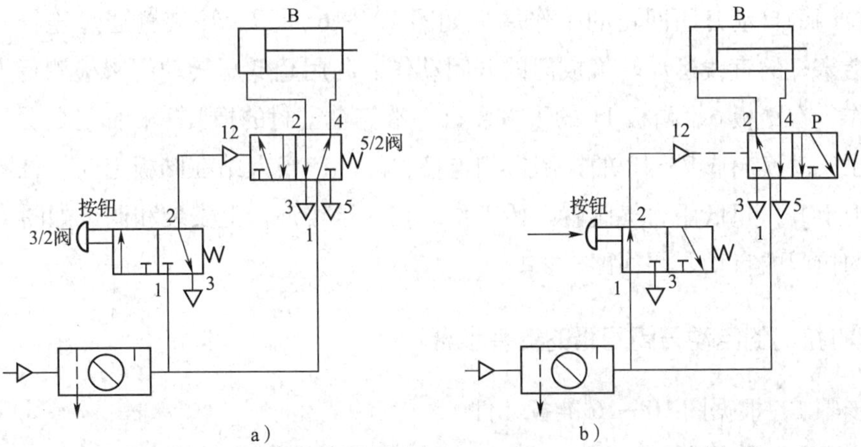

图 10—15　送料装置间接控制回路

a）初始位置　b）按下气动按钮

送料装置控制回路的安装步骤如下：

步骤 1，根据图 10—14 和图 10—15 准备元件。

步骤 2，在实验台上合理布局，正确地连接控制系统并检查。

步骤 3，通电前检查全部气动元器件和管路，确保连接正确无误。

步骤 4，确认回路接线正确。

步骤 5，通电后如发生漏电跳闸应停机处理并排除故障后再开机。

步骤 6，启动总空压站，调整压力范围在 0.4 ~0.6 MPa。

步骤 7，确认气动回路压力合适及没有漏气现象。

步骤 8，连接无误后，打开气源和电源，观察气缸运行情况。

步骤 9，根据实验现象对直接控制和间接控制两种实现方式进行比较。

步骤 10，对试验台中出现的问题进行分析和解决。

步骤 11，气压快速接头与气管拆卸方式是：先压快速接头不动，再拉气管，而且在正方向拉开。

步骤 12，用正确方法装拆气动快速接头，不能强行拉拔管线脱离接头。

步骤 13，实验完成后，将各元件整理后放回原位。

任务拓展

拉门的自动开闭回路的安装与调试

1. 拉门的自动开闭回路的工作原理

拉门的自动开闭回路的工作原理如图 10—16 所示，该装置通过连杆机构将气缸活塞杆的直线运动转换成门的开闭动作。利用超低压气动阀来检测行人的踏板动作，在踏板 6、踏板 11 的下方装有一端完全密封的橡胶管，而管的另一端与超低压气动换向阀 7、12 的控制口相连接，因此，当人站在踏板上时，橡胶管内的压力上升，超低压力气阀就开始工作。在气压实训台上安装和调试如图 10—16 所示的拉门的自动开闭回路。

2. 拉门的自动开闭回路的安装步骤

步骤 1，根据图 10—16 准备元件。

步骤 2，在实验台上合理布局，正确地连接控制系统并检查。

步骤 3，连接无误后，打开气源和电源，观察气缸运行情况。

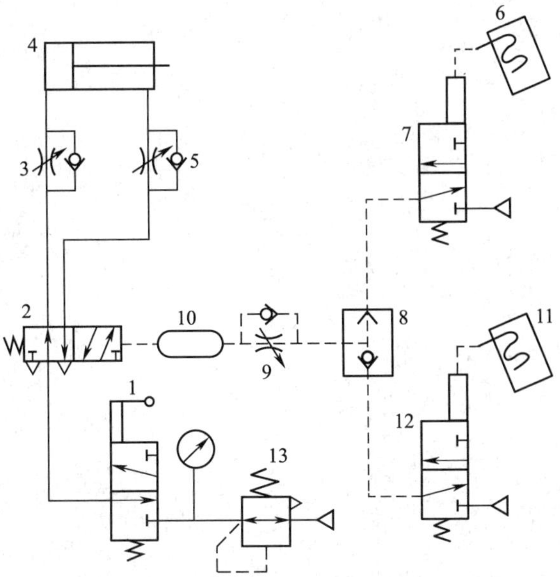

图 10—16　拉门的自动开闭回路

1—二位三通手动换向阀　2—二位五通气控换向阀　3、5、9—单向节流阀
4—气缸　6、11—踏板　7、12—超低压气动换向阀
8—或门型梭阀　10—储气罐　13—气动减压阀

步骤 4，对试验台中出现的问题进行分析和解决。

步骤 5，实验完成后，将各元件整理后放回原位。

思考与练习

试对如图 10—14 和图 10—15 所示的送料装置的气动系统的直接控制回路及间接控制回路进行分析，找出各执行元件，并分析其控制步骤。

任务十一　气压传动系统的综合应用

任务描述

气压制动系统运用收缩空气作为动力源，并将压力转换成机器推力，从而使车轮制动。驾驶员可通过控制踏板的行程，调整气体压力的大小，来获得一定的制动力。气压制动系统主要用在中、重型汽车上。本任务要求以汽车气压制动系统为例叙述气压传动系统的综合应用，并学会综合运用所学知识解决实际问题。

任务分析

一、学习目标

1. 能够分析汽车制动系统的工作原理。

2. 能够调试汽车制动系统。

3. 能够分析汽车制动系统产生故障的原因。

4. 掌握汽车制动系统产生故障的原因及维修方法。

5. 掌握气动系统常见的故障及维修方法。

二、工作过程与学习活动

1. 相关知识（汽车气压制动系统原理图的分析、气压传动系统故障诊断步骤和方法）。

2. 任务实施（汽车气压制动系统的安装与调试）。

3. 任务拓展（数控加工中心气动换刀系统的安装与调试）。

建议学时

8 学时。

1. 汽车气压制动系统由哪些元件组成？
2. 汽车气压制动系统是如何实现制动的？
3. 汽车气压制动系统如何调试？
4. 常见的气动系统故障有哪些？维修方法是什么？

相关知识

一、汽车气压制动系统的组成和工作原理

图 11—1 所示为 EQ1092 型汽车气压制动系统的组成和工作原理图，该制动系统由空压机 1、单向阀 2、储气罐 3、安全阀 4、前桥储气罐 5、后桥储气罐 6、制动控制阀 7、压力表 8、快换排气阀 9、前轮制动缸 10、后轮制动缸 11 等组成。

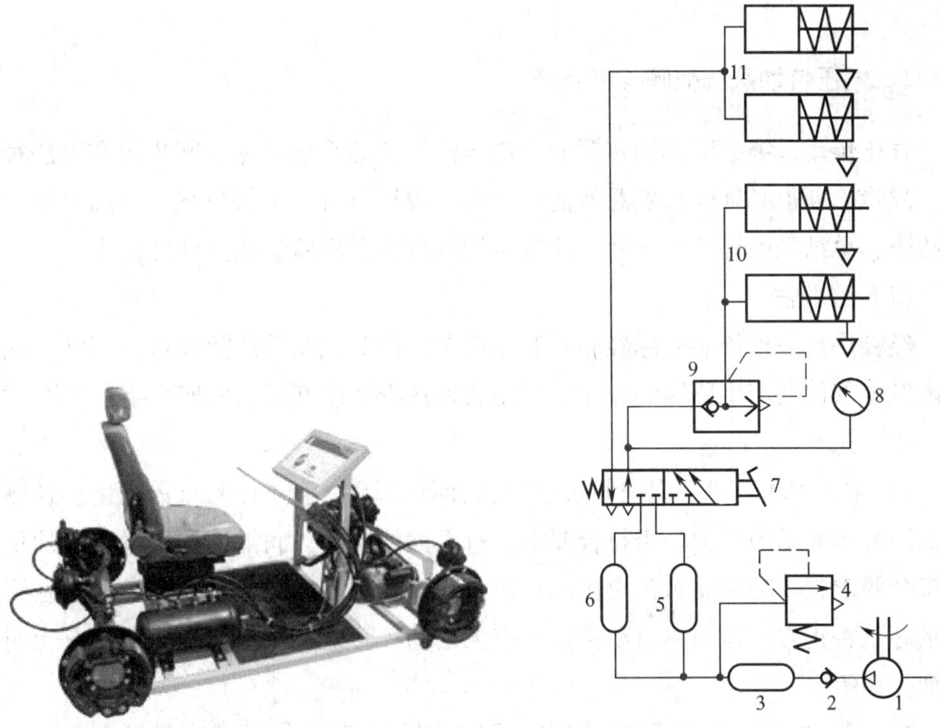

图 11—1 EQ1092 型汽车气压制动系统

1—空压机 2—单向阀 3—储气罐 4—安全阀 5—前桥储气罐 6—后桥储气罐

7—制动控制阀 8—压力表 9—快换排气阀 10—前轮制动缸 11—后轮制动缸

空压机 1 由发动机通过三角皮带驱动，将压缩空气经单向阀 2 压入储气罐 3，然后再分别经两个相互独立的前桥储气罐 5 和后桥储气罐 6 将压缩空气送到制动控制阀 7。当踩下制动踏板时，压缩空气经控制阀同时进入前轮制动缸 10 和后轮制动缸 11（实际上为制动气室），使前、后轮同时制动。松开制动踏板，前后制动气室的压缩空气则经制动控制阀排入大气，解除制动。

该车使用的是风冷单缸空压机，缸盖上设有卸荷装置，空压机与储气罐之间还装有调压阀，如果调压阀失效，则由安全阀起过载保护作用。单向阀可防止压缩空气倒流。该车采用双膜片式并联踏板式制动控制阀，踩下踏板，使前后轮制动（后轮略早）。当前、后桥回路中有一回路失效时，另一回路仍能正常工作，实现制动。在后桥制动回路中安装了膜片式快速放气阀，可使后桥制动迅速解除。压力表 8 指示后桥抽动回路中的气压。该车采用膜片式抽动气室，利用压缩空气的膨胀力推动抽动臂及制动凸轮，使车轮制动。

二、气压传动系统故障诊断步骤和方法

1. 气压传动系统故障诊断方法

气压传动系统故障诊断步骤和方法与液压传动系统故障诊断步骤和方法很相似，故障诊断也必须经过熟悉性能和资料、现场调查、了解情况、归纳分析、排除故障、总结经验等几个步骤，比较常用的方法有经验法和推理分析法。

（1）经验法

经验法是一种依靠实际经验并利用简单仪器对气动系统故障进行判断，找出故障发生部位及产生原因的方法。经验法可按中医诊断病人的四个字：“望、闻、问、切”进行。

1）望。“望”就是用肉眼观察执行元件的运动速度有无异常变化；各测压点的压力表显示的压力是否符合要求，有无大的波动；润滑油的质量和滴油量是否符合要求；冷凝水能否正常排出；换向阀排气口排出空气是否干净；电磁阀的指示灯是否正常；紧固螺钉和管接头有无松动；管道有无扭曲和压扁；有无明显振动存在等。

2）闻。“闻”包括耳闻和鼻闻。可以用耳朵听系统的噪声是否太大，有无漏气声；执行元件及控制阀的声音是否异常。可以用鼻子闻电磁阀线圈及密封圈有无因发热而引起特殊气味。

3）问。“问”就是查阅气动系统的技术档案，了解系统的工作程序、运行要求及主要技术参数；查阅产品样本，了解每个元件的作用、结构、功能和性能；查阅维护检查记录，了解日常维护保养工作情况；访问现场操作人员，了解设备运行情况，了解故障发生前的征兆及故障发生时的状况，了解曾经出现过的故障及排除方法。

4）切。“切”就是用手摸以便感知运动件的温度是否太高，元件和管路有无振动等。

经验法简单易行，但由于每个人的感觉、实际经验和判断能力的差异，诊断故障会存在一定的局限性。

（2）推理分析法

推理分析法是一种将系统的故障从表面症状，用逻辑推理的方法从整体到局部、逐级细化、步步紧逼，从而推断出故障本质原因的分析方法。

推理分析法的原则是：

1）由易到难、由简到繁、由表及里逐一分析，排除故障。

2）优先查找故障率高的因素。

3）优先检查发生故障前更换过的元件。

2. 气压传动系统常见故障与维修

（1）“系统没有气压”故障诊断与维修

故障原因是：

1）气动系统中开关阀、启动阀、流量控制阀等未打开。

2）换向阀未换向。

3）管路扭曲、压扁。

4）滤芯堵塞或冻结。

5）工作介质或环境温度太低，造成管路冻结。

维修方法是：

1）打开未开启的阀。

2）检修或更换换向阀。

3）校正或更换扭曲、压扁的管道。

4）更换滤芯。

5）及时排除冷凝水，增设除水设备。

（2）“供压不足”故障诊断与维修

故障原因是：

1）耗气量太大，空压机输出流量不足。

2）空压机活塞环等过度磨损。

3）漏气严重。

4）减压阀输出压力低。

5）流量阀的开度太小。

6）管路细长或管接头选用不当，压力损失过大。

维修方法：

1）选择输出流量合适的空压机或增设一定容积的气罐。

2）更换活塞环等过度磨损的零件，并在适当部位安装单向阀，维持执行元件内压力，以保证安全。

3）更换损坏的密封件或软管，紧固管接头和螺钉。

4）调节减压阀至规定压力，或更换减压阀。

5）调节流量阀的开度至合适开度。

6）重新设计管路，加粗管径，选用流通能力大的管接头和气阀。

（3）“系统出现异常高压”故障诊断与维修

故障原因是：

1）减压阀损坏。

2）因外部振动冲击产生了冲击压力。

维修方法是：

1）更换减压阀。

2）在适当部位安装安全阀或压力继电器。

（4）“油泥太多”故障诊断与维修

故障原因是：

1）空压机润滑油选择不当。

2）空压机的给油量不当。

3）空压机连续运转的时间过长。

4）空压机运动件动作不良。

维修方法是：

1）更换高温下不易氧化的润滑油。

2）给油过多，排出阀上滞留时间长；给油过少，造成活塞烧伤等。应注意给油量适当。

3）温度高，润滑油易碳化。应选用大流量空压机，实现不连续运转；并在系统中安装油雾分离器，清除油泥。

4）当排出阀动作不良时，温度上升，润滑油易碳化，应在系统中安装油雾分离器。

（5）“气缸不动作、动作卡滞、爬行”故障诊断与维修

故障原因是：

1）压缩空气压力达不到设定值。

2）气缸加工精度不够。

3）气缸、电磁阀润滑不充分。

4）空气中混入了灰尘卡住了阀。

5）气缸负载过大、连接软管扭曲别劲。

维修方法是：

1）重新计算，验算系统压力。

2）更换气缸。

3）拆检气缸、电磁阀，疏通润滑油路。

4）打开各接头，重新吹扫管路，清洗阀。

5）检查气缸负载及连接软管，使之满足设计要求。

（6）“压缩空气中含水量高”故障诊断与维修

故障原因是：

1）储气罐、过滤器冷凝水存积。

2）后冷却器选型不当。

3）空压机进气管进气口设计不当。

4）空压机润滑油选择不当。

5）季节影响。

维修方法是：

1）定期打开排污阀排放冷凝水。

2）更换后冷却器。

3）重新安装防雨罩，避免雨水流入空压机。

4）更换空压机润滑油。

5）雨季要加快排放冷凝水的频率。

任务实施

一、汽车气压制动系统的调试

步骤 1，调试前的准备。

（1）要熟悉说明书等有关技术资料，力求全面了解系统的原理、结构、性能和操作方法。

（2）了解气动元件在设备上的实际位置，需要调整的元件的操作方法及调节旋钮的旋向。

（3）准备好调试工具。

步骤 2，空载试运转。

空载试运转时，注意观察压力、流量、温度的变化，如发现异常应立即停车检查，待排除故障后才能继续运转。

步骤 3，负载试运转。

负载试运转时，应分段加载，分别测出有关数据，并记录。

二、常见故障诊断与维修

1. 故障原因

（1）储气罐放污开关不严。
（2）空压机损坏。
（3）管路破裂。
（4）空压机皮带损坏、松脱。
（5）控制阀排气阀打不开。
（6）控制阀排气阀漏气。

2. 维修方法

（1）关严或检修放污开关。
（2）检修或更换空压机。
（3）更换、检修、装牢管路。
（4）更换或调整空压机皮带。
（5）检修控制阀进气阀。
（6）研磨控制阀进气阀。

三、日常维护注意事项

1. 开车前后要放掉系统中的冷凝水。
2. 定期给油雾器加油。
3. 随时注意压缩空气的清洁度，定期清洗空气滤气器的滤芯。
4. 开车前检查各调节手柄是否在正确位置，行程阀、行程开关、挡块的位置是否正确、牢固。对导轨、活塞杆等外露部分的配合表面擦拭干净后方能开车。
5. 设备长期不用时，应将各手柄放松，以免弹簧失效而影响元件的性能。

任务拓展

数控加工中心气动换刀系统的安装与调试

1. 数控加工中心气动换刀系统的工作原理

数控加工中心换刀系统在换刀过程中实现主轴转角的定位（主轴定向准停）、

主轴松刀、拔刀、向主轴锥孔吹气、换刀、插刀、紧刀的顺序动作。图 11—2 所示为某数控加工中心气动换刀系统原理图。

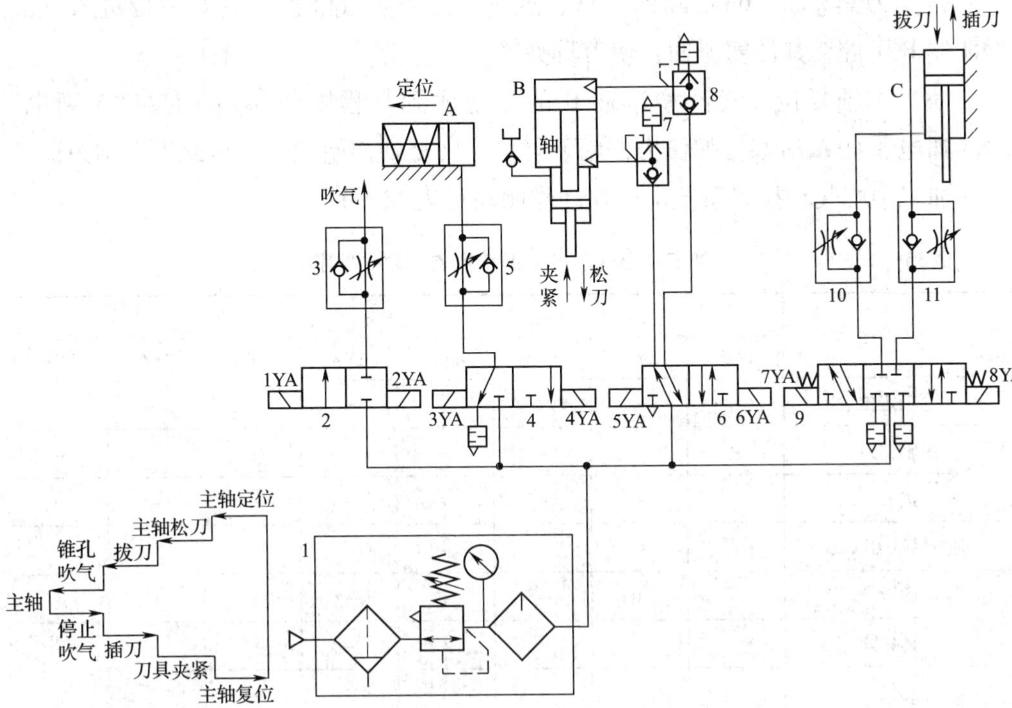

图 11—2　数控加工中心气动换刀系统原理图

1—气动三联件　2、4 、6、9—换向阀　3、5 、10、11—单向节流阀　7、8 —快速排气阀

要求该气动系统在加工中心换刀过程中，需要完成主轴定位→主轴松刀→拔刀→主轴锥孔吹气→停止吹气→插刀和刀具夹紧等动作，其工作原理如下：

（1）主轴定位。当数控系统发出换刀指令时，主轴停止旋转，4YA 通电，压缩空气经气动三联件 1、换向阀 4 右位、单向节流阀 5 进入定位缸 A 右腔，其活塞向左移动，实现主轴自动定位。

（2）主轴松刀。主轴定位后，压下无触点开关，使 6YA 通电，压缩空气经换向阀 6 右位、快速排气阀 8 进入气液增压缸 B 上腔，增压缸的活塞杆伸出，实现主轴松刀。

（3）机械手拔刀。松刀的同时，使 8YA 通电，压缩空气经换向阀 9 右位、单向节流阀 11 进入缸 C 的上腔，其活塞杆向下移动，实现拔刀动作。

（4）主轴锥孔吹气。回转刀库交换刀具，同时 1YA 通电，压缩空气经换向阀 2 左位、单向节流阀 3 向主轴锥孔吹气。

（5）停止吹气。吹气片刻 1YA 断电、2YA 通电，停止吹气。

(6) 插刀。当8YA断电、7YA通电时，压缩空气经换向阀9左位、单向节流阀10进入缸C下腔，其活塞杆上移，实现插刀动作。

(7) 刀具夹紧。6YA断电、5YA通电，压缩空气经换向阀6左位进入气液增压器B下腔，其活塞退回，使刀具夹紧。

(8) 主轴复位。气液增压缸B的活塞碰到行程限位阀后，使4YA断电、3YA通电，缸A活塞在弹簧力作用下复位，回复到初始状态，至此换刀结束。

加工中心气动换刀系统电磁铁动作顺序见表11—1。

表11—1　　加工中心气动换刀系统电磁铁动作顺序

动作顺序	电磁铁							
	1YA	2YA	3YA	4YA	5YA	6YA	7YA	8YA
主轴定位	−	−	−	+	−	−	−	−
主轴松刀	−	−	−	+	−	+	−	−
拔刀	−	−	−	+	−	+	−	+
向主轴锥刀吹气	+	−	−	+	−	+	−	+
插刀	−	+	−	+	−	+	+	−
刀具夹紧	−	−	−	+	+	−	−	−
复位	−	−	+	−	−	−	−	−

2. 数控加工中心气动换刀系统的特点

数控加工中心气动换刀系统具有以下特点：

(1) 气源容易获得。

(2) 反应速度快、动作迅速。

(3) 管路不易堵塞、不易发生过载，还可以用于降温。

(4) 维护方便。

3. 数控加工中心气动换刀系统的安装步骤

步骤1，根据图11—2所示回路图，准备元件。

步骤2，在实验台上合理布局，正确连接各元件并检查。

步骤3，连接无误后，打开气源和电源，观察气缸运行情况。

步骤4，对试验台中出现的问题进行分析和解决。

步骤5，实验完成后，将各元件整理后放回原位。

思考与练习

1. 简述 EQ1092 型汽车气压制动系统的组成和工作原理。
2. 简述“气动系统没有气压”故障诊断与维修方法。
3. 简述“系统出现异常高压”故障诊断与维修方法。
4. 简述数控加工中心气动换刀系统的组成和工作原理。